AF802442

Ueber die Anwendbarkeit und den Nutzen der Koppelwirthschaft in der Mark Brandenburg

von

Friedrich Wilhelm Dreyer

Kriegesrath und Geheimen expedirenden Sekretäre bei dem Achten Departement des Königl. Ober-Krieges-Kollegii zu Berlin.

Auf Veranlassung der Königlichen Akademie der Wissenschaften zu Berlin und von derselben gekrönte

Erste Preisschrift.

Berlin 1793.

In der Königlichen Realschulbuchhandlung.

Omnium rerum ex quibus aliquid exquiritur, nihil eſt agricultura melius, nihil vberius, nihil libero homine dignius.

CICERO.

A.
Einleitung.

Die Koppelwirthschaft ist eine solche Einrichtung der Aekker, nach welcher man sie einige Jahre nach einander mit Getreide bestellet, darauf einige Jahre nacheinander ruhen läßt, und darin zur Weide nützet.

Sie ist seit undenklichen Jahren in Holstein, in der neuern Zeit auch in Mecklenburg eingeführt worden, und beruhet eigentlich auf folgenden Grundsätzen:

1) Die Luft giebt der Erde die Fruchtbarkeit zur Ernährung der Pflanzen, indem sie derselben ihre eigene reifet und ihr selbst welche ertheilt.

Dieserhalb, wie auch dazu, damit die zarten Pflanzenwurzeln sich in der Erde ausbreiten können rc., muß der Acker gehörig mürbe und auch locker genug gemacht werden.

Das Pflügen ist daher öfter, oder weniger oft anzuwenden, je nachdem der zu bestellende Acker, entweder an sich locker oder es nicht ist.

Wenn die Erde 3, 4 und 6 Jahre, ohne aufgepflügt zu werden, liegt; so ist sie nicht locker, sondern fest und, nach Beschaffenheit ihrer Bestandtheile, zähe geworden. — Deshalb pflügen die Holsteiner und Mecklenburger einen neuen Aufbruch der 4 bis 6 Jahre hindurch gelegenen Weidekoppel, entweder ein ganzes Jahr hindurch, von 8 zu 8, von 6 zu 6, zuletzt auch wol von 4 zu 4 Wochen, und in noch wenigerm Abstande; oder, wenn der Acker nicht so schwer und so zähe ist, im Herbste 2 bis 3 mal, im Frühjahre 1 bis 2 mal, und bestellen darauf die Koppel mit Sommerfrüchten.

Damit auch derjenige Acker, welcher nach den abgeflossenen Ruhejahren verschiedene Jahre nacheinander bestellet wird, die Fruchtbarkeit aus der Luft gut nach sich ziehen kann, welche besonders im Winter und im späten Herbste reichlich vorhanden ist; so muß gleichfalls jede solche Koppel, welche im folgenden Jahre mit Sommerung bestellet werden soll, nach der abgebrachten Erndte noch vor dem Winter umgestürzet werden.

Dieses wird, besonders im schweren und stark beraseten Boden, mit dem Haken der Mecklenburger besser bewerkstelliget, als mit dem Pfluge der Holsteiner, weil dieser die Furchen glatt neben einander legt, jener aber die Erde mehr aus einander bricht, mit wenigerer Kraft tief zu führen ist, lauter kleine Gräben und Wälle wühlet, und daher die Feuchtigkeit und der Frost mehrere Erdtheile des gehakten als des gepflügten Ackers berühren und durchziehen können.

Die Luft allein kann aber, auch bei diesem guten Verfahren, nicht aller Erde so viele Nahrungstheile geben, als sie deren bedarf, um verschiedene Jahre nach einander reiche Früchte zu tragen. — Es muß daher

2) **Die Fruchtbarkeit der Erde durch Zuführung eines guten Düngers, so viel nur angeht, vermehrt werden.**

Der Acker bedarf von diesem Zusatze an Kräften in größerem Maaße:

a) Je nachdem er ein so leichter und unzusammenhängender Sandboden ist, daß die trockenen Winde und die Sonnenhitze ihm viele Kräfte rauben.

Bei dieser Beschaffenheit muß er den Mist desto öfter und in nicht starken Portionen haben.

b) Je nachdem er kalter Natur ist.

Bei dieser Beschaffenheit können ihm die Porzionen am stärksten und weniger oft gegeben werden.

c) Je nachdem er mehrere oder wenigere Jahre nach einander die Kräfte zur Ernährung guter Pflanzen anwenden muß.

Es würde im Ganzen sehr schwer halten, dem Acker, nach allen seinen guten und schlechten natürlichen Beschaffenheiten, so vielen Zusatz an Dünger zu geben, als er zu einer alljährlichen Bestellung mit Getreide bedarf; zumal dann, bei dem desto mehrern Bedürfniß desselben, desto wenigere oder gar keine Weide für das Vieh übrig bliebe, welches eben den Dünger macht. — Deshalb muß

3) **Die Ruhe der Aecker dasjenige ergänzen, was die Fruchtbarkeit der Luft und der zugeführte Dünger nicht ausreichend geben können.**

Der Landmann sagt, der Acker ruhet, wenn das Wachsthum der Pflanzen einen Stillstand gemacht hat, z. E. im Winter; auch, wenn derselbe nicht mit Getreide bestellet ist, sondern sein Gras und seine natürliche Kräuter trägt.

Die Ruhe, in der letztern Bedeutung, muß dem Acker so zugelegt werden, wie sie ihm am vortheilhaftesten ist.

Wenn die Erde zwei Jahre nach einander bestellet wird und darauf das dritte Jahr ruhet; so kann ihr diese Ruhe nicht so vortheilhaft seyn, als wenn sie mehrere Jahre nacheinander unbestellet bleibt, wenn sie dann auch dagegen wieder mehr als zwei Jahre hindurch Getreide trägt.

Denn in dem erstern Falle, wenn die Erde nur ein Jahr ruhet, bleibt sie in der Stoppel, nach der abgebrachten Erndte, den Winter ungepflüget liegen; die Winterfruchtbarkeit kann also nicht gut einziehen. — Sie wird um Johannis schon wieder umgepflügt; das Gras kann sich also nicht bestauden, damit die Hitze und die dürren Winde nicht die wenige Fruchtbarkeit aus derselben herausholen. — Noch weniger kann das Gras, bei diesen Umständen, die Erde mit starken, saftreichen Blättern und mit solchen Wurzeln bereichern. — Das Vieh erhält von dieser schlechten Berasung auch nicht Futter genug, um die zur Düngung zureichende Zahl zu halten. — Den wenigen Pferch des Weideviehes ziehen auf dieser magern Brachweide die Winde und die Sonne aus, ehe er in die ziemlich nackte und dennoch feste Erde eindringen kann. — Diese Felder sind nicht mit Wällen umgeben, um während der Brachzeit die Feuchtigkeit vom Acker nicht abfließen, sondern darin einziehen zu lassen, und wenn diese auch gemacht würden, so kostet es doch dem Wirthe zu viele Arbeit, alle Jahre die Wasserabzüge eines Drittheils seines ganzen Ackers zu- und aufzumachen. Diese Brache kann also an sich nicht dem Acker viele und nützliche Ruhe geben.

In dem leztern Falle, nemlich wenn der Acker mehrere als nur ein Jahr nach einander in Ruhe gelegt wird, kann die Winterfruchtbarkeit zwar an sich nicht mehr als in das einjährige Brachfeld jährlich einziehen; aber doch dadurch mehr, daß sie dazu mehrere Jahre erhält, indem durch die stärkere Berasung, bei mehrjähriger Brache, die Sonne und die Winde sie nicht so leicht wegholen können. — Dieses gilt auch von der Feuchtigkeit des Thaues und des Regens im Sommer. Ueberhaupt können die trockenen Winde und die Sonne den von mehrjährigem Grase gut beraseten Boden nicht so ausdürren und seine Kräfte nicht, schon bei der Entstehung, fortführen. — Dabei geben die Wälle und deren Beholzung, welche bei mehrerer Ruhe des Ackers, wegen seiner dann nöthigen mehrern Eintheilungen, zur Sicherung des Getreides vor dem Vieh, nützlich werden, dem Acker Kühle, und schützen ihn vor dem zu starken und vor dem unzeitigen Froste, vor Winden und vor der Ausdürrung von der Sonnenhitze. — Auch wird der Wirth eher einen solchen kleinen Theil der Wasserabzüge, auf die mehrere Jahre, worin der Theil nicht Getreide trägt, zumachen wollen und es ohne merkliche Kosten können. — Es kann auf gleicher Fläche mehr Vieh gehalten werden, und der Pferch des Viehes, mit dessen Urin auf der Weide, von diesem gut beraseten Boden nicht so leicht, ehe er in die Erde einzieht, durch Wind und Sonne geraubet werden, als auf einem wenig beraseten und fast nackten Boden, wie die Brache in drei Feldern ist. — Solche Ruhe stärkt also den Acker ganz anders.

Eben so nöthig ist dem Acker

4) **Eine Abwechselung der Frucht, welche er tragen soll.**

Die Abwechselung kann eine Ruhe vom Tragen einer bestimmten Gattung Getreides genannt werden, z. E. der Acker ruhet 5 Jahre hindurch vom Weitzentragen, wenn er damit alle 6 Jahre einmal bestellet wird.

Die Abwechselung liegt in der Natur, und man findet die Neigung dazu in allen Dingen.

Bei der Holsteinschen Wirthschaft kann eine Abwechselung am besten geschehen, und zwar so, daß ein Acker in 9 bis 15 Jahren nur 4 bis 6 Jahre lang Gras trägt; in 9 bis 10 Jahren nur ein bis zweimal; in 13 und 15 Jahren zwei bis dreimal eine und ebendieselbe Art Getreide, im Abstande von wenigstens 3, mehrentheils aber von 4, 5 und mehrern Jahren.

Selbst beim Graswuchse ist diese Abwechselung, außer bei solchen Wiesen, welche so feucht liegen, daß sie nicht wechselsweise zum Getreidebau und zum Graswuchse angewandt werden können, allerdings nöthig, ja sehr nothwendig. — Auf den meisten Gütern Holsteins und Mecklenburgs fängt derselbe im fünften und sechsten Jahre an weniger ergiebig zu werden, auf andern schon im vierten Jahre, auf einigen wird er im vierten und fünften bereits merklich schlecht, welches davon ein Beweis ist.

Die Weideänger der Mark Brandenburg gaben sonst, wie die alten Leute sich erinnern, zureichende und viele Grasung. Jetzt sind die meisten von dem beständigen Grastragen so ermüdet, daß sie dem Vieh den Hunger kaum bis zur Zeit der Stoppel zu stillen vermögen. — Dieses ist davon auch ein Beweis.

5) **Der Landmann muß sich sein jährliches Einkommen, wovon er leben, die Wirthschaftskosten und die Abgaben an den Staat bestreiten soll, so viel als möglich sichern.**

Wenn man sein Einkommen nur von **einer** der Gefahr ausgesetzten Sache hat, so ist es unsicherer, als wenn man es von mehrern Sachen ziehet, wenn auch diese gleichfalls einer Gefahr unterworfen sind; nur nicht einer Gefahr aus einer und ebenderselben Quelle, oder einer dagegen desto wahrscheinlichern Gefahr.

Die Getreideernten schlagen manchmal durch verderbliche Witterung um; die Viehnützung wird zu weilen durch Seuchen geschmälert. Die Gefahr mit der Viehseuche ist aber an und für sich eher seltener und weniger groß, da man sie gewöhnlich, durch kluge Anstalten und gehörige Besorgung des Viehes, vermeiden kann.

Es ist also sicherer, wenn der Landmann sein Einkommen nicht von den Feldfrüchten allein, sondern auch mit von der Viehzucht, und zwar so viel es angeht, zu gleichen Theilen ziehet; weil bei beiden die Unfälle nicht aus einerlei Quelle kommen, also nicht wahrscheinlich in einem Jahre zusammen eintreffen, ihm also nicht alles Einkommen eines Jahres eben so wahrscheinlich geraubt wird, als es bei einem Unglücksjahre wirklich geschehen kann, wenn die Einkünfte entweder von dem Ackerbau allein, oder von der Viehzucht allein gezogen werden.

Die Nothwendigkeit, so viel Vieh zu halten, als der Akker zur Düngung bedarf, führt auch von selbst auf diesen fünften und auf den dritten, zum Theil auch auf den vierten Grundsatz. Alle fünf Sätze aber beweisen, daß die Holsteinsche und die Mecklenburgsche Wirthschaft der Natur und der Klugheit gemäß sey.

Nach den nur angezeigten Sätzen enthält die Erde, wenigstens nicht in allen Ländern, von selbst, und ertheilt ihr auch die Atmosphäre nicht so viel Nahrungstheile, als sie zu einer alljährlichen Bestellung bedarf. — Mist macht einen Ersatz. — Die Ruhe und die Abwechselung müssen, bei dem Mangel des ganz hinlänglichen Düngers, das übrige ergänzen.

Hieraus folget nun von selbst, man müsse von dem Acker so viel in Ruhe legen,

a) als man, wegen Mangel des ganz zulangenden Düngers, nicht zum reichlichen Ertrage bestellen kann, und

b) als man zur Weide für so vieles Vieh bedarf, wie zu seiner Düngung, bei einer gegebenen Ruhe, nothwendig gehalten werden muß, und diese Ruhe muß so viele Jahre hintereinander dauern, als sie der Acker zur hinlänglichen Ausruhe vom Getreideertrage bedarf, mit Rücksicht, wie lange er gute Weide geben kann.

Ein Acker bedarf zum Ertrage reicher Erndten mehrern Dünger, ein anderer wenigern.

Ich setze das geringste Maaß, wenn ein Acker neun und auch wenigere Jahre nach einander bestellet wird, und ihm darauf sechs Jahre zur Ruhe gegeben werden, auf die neun Bestellungsjahre, in **zwölf vierspännigten Fudern guten Mist**, nicht langen Strohmist, **zu einem Morgen Magdeburgschen Maaßes**; also auf jedes Bestellungsjahr, in $1\frac{1}{3}$ Fuder solchen Mistes auf einen Morgen. — Bei einer alljährlichen Bestellung reicht dieses Maaß nicht zu.

Dieses Maaß ist das geringste. Denn wenn auch das Fuder zu 16 Kubikfuß angenommen wird (12 Kubikfuß Erde ist ein tüchtiges vierspännigtes Fuder, und kurzer guter Mist, den ich angenommen habe, ist nicht leichter) so wird die Fläche eines Morgens Acker von 4 Fudern nur $\frac{4}{135}$tel Zoll dick gedünget; eine Dicke, welche kaum mit Augen gesehen werden kann. Diese soll 3 Jahre lang reichen, und es geht davon noch immer etwas, durch das Fahren und durch die Luft, verloren, ehe er untergeackert ist.

Wie viel Kräfte dem Acker durch den Mist zu geben, wollen die Wirthe in drei Feldern glauben, welche, wenn es hoch kommt, alle 6 Jahre dem Morgen Acker 4 Fuder, oft schlechten Strohmist, zufahren, und es sind die allerwenigsten, welche einmal so viel leisten können.

Daher in der Mark Brandenburg so viel Außenland, Hinterland, welches nie gedünget wird, und welches die Ruhe von 3 bis 12 Jahren allein soweit in den Stand setzt, daß es, bei günstiger Witterung, dann wieder einmal Buchweizen und Roggen, zum dritten und $3\frac{1}{2}$ Korn trägt.

Ich werde, zur Berechnung des entstehen könnenden Düngers, der Kürze wegen, statt mehrerer Vieharten, nur das Kuhvieh annehmen.

Eine Kuh macht, mit dem zur Kompletirung der Heerde gehörenden Jungvieh, 8 Fuder Mist, wenn sie zureichendes Winterfutter, zureichende Weide, und gute Streuung erhält; wenn sie dabei des Mittags zum Melken, auch in der Weidezeit, in den Stall getrieben wird, oder in einen mit schattigten Bäumen bepflanzten Viehring, welcher auf einer der Koppeln, oder doch näher als der Stall steht; wenn man dabei auch den Misthof nicht schlecht bewirthschaftet. — Der Mist von dem Spann- Schwein- und Federvieh mag darauf im Ganzen noch eingehen, oder auf den Garten gerechnet werden.

Die zur Weide auszusetzende Morgenzahl richtet sich bei den Holsteinern, wie allenthalben, nach der Güte und Beschaffenheit des Bodens in der Grasung, und darnach wird auf einigen Gütern 1 Tonne (2 Scheffel 6 Metzen Berliner Maaß) auch $1\frac{1}{2}$, und wenn der Boden ganz schlecht ist, auch wol bis gegen 2 Tonnen Aussaat für eine Kuh gegeben; wobei aber die Zuzucht und die Pferde oben eingehen. — Dieses gilt von einer der Natur überlassenen Grasung; wer sie durch Klee verbessert, bedarf, auf allen Arten der Erde, weniger zur Weide.

Ich will hiernach die Eintheilung eines Ackers von 300 Morgen hersetzen.

Um ihn 9 Jahre nach einander zu bestellen und 6 Jahre ruhen zu lassen, werden jährlich

180 Morgen bestellet und

120 „ bleiben zur Ruhe als Weide liegen.

Darnach fällt die Eintheilung in 15 Schläge, jeder zu 20 Morgen. Derjenige Acker wird nur gedüngt, welcher mit Getreide bestellet wird; also nur 180 Morgen.

Ein Morgen bedarf alle 3 Jahre wenigstens 4 Fuder Mist, also jährlich $1\frac{1}{3}$ Fuder; folglich 180 Morgen jährlich 240 Fuder.

Wenn eine Kuh mit dem darauf zu rechnenden Jungvieh jährlich 8 Fuder macht; so werden zu dieser Düngung jährlich 30 Kühe zu halten seyn. — Was an Schaafen gehalten wird, kann, was den Dünger betrift, von der Zahl des Kuhviehes abgehen.

Wenn die 120 Morgen Weide als schlechter Graswuchs angenomen werden; so sind mit dem Jungviehe und den Pferden 4 Morgen auf eine Kuh zu geben. Die jährlich zur Ruhe bestimmten 120 Morgen reichen daher, bei solchen Umständen des Ackers, zugleich eben zu, um darauf so viel Vieh zu halten, als zur Düngung der zu bestellenden 180 Morgen nöthig ist, nemlich 30 Stück Kühe.

Diese Eintheilung des Ackers ist also, bei den angegebenen Voraussetzungen eines zur Grasung von Natur nicht sehr vortheilhaften Bodens, die rechte Eintheilung, um ihm den nöthigen Dünger zu verschaffen.

Eine Eintheilung in 13 Schläge, wo $\frac{5}{13}$tel zur Weide und $\frac{8}{13}$tel zur Bestellung verwandt werden; desgleichen die Eintheilung in 10 Schläge, wo $\frac{6}{10}$tel bestellet werden und $\frac{4}{10}$tel zur Weide bleiben, sind jener, in Absicht des zur Düngung nöthigen Viehstandes, sehr gleich, so daß sie damit verwechselt werden können, und weil in diesen die Erde nicht so oft nach einander Getreide trägt, als in 15 Schlägen, so sind sie zugleich jener Eintheilung in den meisten Fällen vor zu ziehen.

Nahm ich den Acker noch für etwas besser und ergiebiger in der Grasung an, oder daß ein fleißiger Besitzer dieselbe dadurch verzeitigte und vermehrte, daß er, wie im Holsteinschen jetzt viele Bauern thun, mit der letzten Frucht weißen Klee säete; so würden 100 Morgen zur Weide vollkommen hinreichend, und die Aecker 10 Jahre nach einander zn bestellen gewesen sein. — Dann bliebe nicht mehr als Eindrittheil des Ganzen zur Weide; also nur eben so viel, als die Wirthe in drei Feldern zur Brache liegen zu lassen angeben; im Ganzen aber weniger als Zweidrittheile bestellen.

Nun kommt es noch auf das **Winterfutter** für dieses Vieh an. Entweder sind solche Wiesen, welche nicht abwechselnd auch zum Getreidebau verwandt werden können, dazu hinreichend vorhanden, oder nicht.

Im letztern Falle wird

a) entweder eine künftige Weidekoppel in der letzten Saat zugleich mit rothem Klee besäet; dann kann dieser Klee, das zweite Jahr nach der Aussaat, zweimal zu Heu gemacht und darauf zur eigentlichen Weide gegeben werden. — Die vorzügliche Güte dieser Koppel wird das Einachttheil, welches dadurch der Weide an der Morgenzahl ungefähr abgehet, ersetzen.

b) Oder man besäet, statt dessen, eine Koppel in dem mittelsten der Bestellungsjahre mit rothem Klee, um, wie durch die Nützung des nur 2 bis gegen 3 Jahre stehen bleibenden gut gewachsenen rothen Klees geschiehet, dem Acker auch in diesen Bestellungsjahren ein Ruhejahr, und für die auf den Klee folgenden Saaten, den vegetabilischen Dünger, nebst dem Vortheile der Auflockerung vom Klee, zu geben.

Man kann im Durchschnitt annehmen, daß ein Morgen im zweiten Jahre stehender rother Klee das Heu für 2 Kühe abwirft. Man rechnet sich aber mehr. Da hier nur für 30 Kühe nöthig ist; so würden 15 Morgen genug seyn. Die von der Koppel, à 20 Morgen, übrigen 5 Morgen Klee würden für das Jungvieh, auch zu grünem Futter für die Pferde, zur Erspa- rung des Getreides, desgleichen für das Rindvieh, zu einem Stallfutter des Morgens und des Abends, zu verwenden seyn; der Rest, um sich nach und nach einen eisernen Heubestand, zur Deckung eines Mißwachses, anzulegen.

Dadurch wird zugleich das dem Acker schädliche Abmähen der grünen Wicken unnöthig.

Diese Bestellung der Koppel in dem mittelsten Jahre mit rothem Klee ist vortheilhafter, als wenn Mecklenburger solches Jahr brachen, um darin das Stück Land vorzüglich zu pflü- gen, um ihm einige Ruhe zu geben, wodurch sie also das mittelste Jahr gar nicht nützen; denn die Kleenützung ist der Erndte ei- nes jeden Getreides werth, welche dadurch verloren gehet, und der Acker erhält davon eher mehr als weniger Vortheil, wofern der rothe Klee zeitigstens nur alle 6 Jahre einmal auf dasselbe Feld gesäet wird, auch nur 2, höchstens bis gegen 3 Jahre steht, und nachdem er, nach den Abmähungen, wieder etwas herange- wachsen ist, gegen den Herbst des zweiten, höchstens im dritten Jahre nach seiner Aussaat, nemlich wenn er im Frühjahre 1792 unter die Gerste ꝛc. gesäet war, gegen den Herbste 1793, oder spätstens nach Johannis 1794, dem Acker zum beßten, eingepflügt wird.

Nach einer guten Einrichtung würden, bei diesen Umständen, die 300 Morgen in 15 Schlägen, folgendergestalt zu bewirthschaften seyn:

a) Wenn der Acker auch durchgehends Weitzen trägt,

Weitzen, Erbsen, Roggen, Gerste, rother Klee, Klee, Weitzen, Erbsen, Roggen, Hafer, erstes Jahr Weide, zweites Jahr Weide, drittes Jahr Weide, viertes Jahr Weide, fünftes Jahr Weide und Aufbruch.

b) Wenn der Acker nicht allenthalben Weitzen trägt, wo also nur ein Theil einer Koppel, welche im Ganzen mit anderm Getreide bestellt ist, damit besäet wird: z. E.

Weitzen und Buchweitzen } Roggen, Kartoffeln, Gerste, rother Klee, Klee,

Weitzen und Roggen } Erbsen, Roggen, Hafer, Weide, W. W. W. W. u. s. w.

Hiernach hat der Acker eine gute Abwechselung und er trägt in 15 Jahren

1 oder 2mal Weitzen, oder 1mal Buchweitzen,
2 oder 3mal Roggen,
1 oder 2mal Erbsen,
1 bis 2mal Gerste,
1 bis 2mal Kartoffeln,
1 bis 2mal Hafer,
1 bis 2mal rothen Klee.

Alle 15 Jahre ruhet er 5 Jahre, und durch den im mittelsten Jahre gesäeten rothen Klee ruhet er 7 Jahre von allem Getreidetragen. Eine ganz andere Abwechselung der Saaten, eine ganz andere Ruhe, Düngung und mögliche Beackerung, als in drei Feldern.

B.

Versuch einer Beantwortung folgender Fragen.

I. Unter welchen Umständen ist die Koppelwirthschaft überhaupt betrachtet einem Staate nützlich oder schädlich?

II. Kann die Mark Brandenburg, bei ihrem größtentheils hohen, leichten und zum natürlichen Graswuchs wenig geschickten Feldern, die Koppelwirthschaft dennoch mit Vortheil einführen? und wie muß sich der Landwirth dabei nehmen?

III. Worin kann der Nutzen der Einführung der Koppelwirthschaft in der Mark Brandenburg, für den Privateigenthümer und für den Staat bestehen?

IV. Ist das Vorgeben gegründet, daß die Einführung der Koppelwirthschaft der Bevölkerung in der Mark schädlich sey, oder kann das Gegentheil erwiesen werden?

I.

Unter welchen Umständen ist die Koppelwirthschaft überhaupt betrachtet einem Staate nützlich oder schädlich?

Bevölkerung und Reichthum ist die Hauptabsicht aller guten Staatswirthschaft; denn die Sicherheit, die Kraft, das Ansehn, und das Wohlbefinden des Staats hängt davon ab.

Von den Quellen dazu sind diejenigen die allerwichtigsten, welche in seinen eigenen Gränzen und Mahlen vorhanden sind, ohne an sich, oder durch einen vom Nachbar abhängenden Umstand, zu versiegen, oder doch unnützlich zu werden.

Eine solche Quelle und zwar, wenigstens in Staaten von Umfang, die erste, ist der Ackerbau. — Denn man verlangt von ihm nicht allein, daß er nur viele Menschen beschäftigen und nur diejenigen ernähren soll, welche sich mit ihm abgeben; sondern auch, da er die ersten und nothwendigen Bedürfnisse der übrigen Menschen, z. E. Brod, Fleisch, Fett, Häute, Wolle, Flachs, Bier, Brantwein rc. verschaffet, daß er auch die ersten Bedürfnisse aller Menschen im Staate, in ihm möglichst reichlichem Maaße beschaffe, zur Speisung und Kleidung derselben, und zu dem davon im Staate, an die Einwohner desselben und nach dem Auslande, entstehen und erweitert werden könnenden Handel, und zu den Fabriken.

Der Ackerbau in Koppeln wird daher, überhaupt betrachtet, dem Staate nützlich oder schädlich seyn, je nachdem er darin mehrere oder wenigere Menschen beschäftiget, sie schlechter oder besser ernährt, mehr oder weniger Getreide, Vieh, und was sonst die Erde an nützlichen Kräutern hervorbringen kann, beschaffet, als durch eine andere in diesem Staate mögliche Wirthschaftsart geschehen würde.

Diesem nach wird die Koppelwirthschaft

A.

Dem Staate schädlich,

1) Wenn er so vieles, wegen zu starker Nässe, nicht zu bestellendes Wiesewachs, und so viele, wegen zu starker Nässe, nicht zu bestellende Weidung, dagegen so wenig pflügbaren Acker hat, daß jenes Wiesewachs und die Weide zu so starker Viehzucht hinreicht, damit der Acker davon vollkommen mit Dünger unterhalten werden kann, um denselben vortheilhafter alljährlich mit Getreide zu bestellen.

Denn der Ackerbau beschäftiget und ernährt dann bei der Koppelwirthschaft nicht so viele Menschen, als bei einer alljährlichen Bestellung mit Getreide geschehen könnte; überdem leidet das Einkommen, da bei diesen Umständen das Vieh wolfeil, das Getreide theuer seyn wird.

Es wäre denn,

a) daß mit den Nachbaren über Land oder See ein sicher beständiger **Tauschhandel** von Getreide gegen Fleisch, Vieh, Häute, oder präparirtes Leder, Talg, Butter, Käse, vorhanden wäre, wobei der Vortheil auf der Seite des weniger pflügbaren Acker habenden Staats stünde. —

Ein Tauschhandel mit dem Nachbar ist aber nie durch Traktaten sicher beständig, sondern nur wenn er stets einen merklichen Vortheil davon hat, also die bedürfende Waare nie selbst hinreichend erzeugen, noch den Tauschhandel ohne beträchtlichen Schaden mit andern einleiten kann. — Einen kleinen Schaden übernehmen oft die Umstände und der Eigensinn.

Ueberdem,

b) daß derselbe zugleich entweder nicht stark bevölkert wäre, oder die Menschen, welche er hat, und noch mehrere, zu den bestehenden Fabriken, zum Bergbau, zur Handlung, zur Schifffahrt nothwendig gebrauchte und wirklich schon angewendet hätte.

2) Wenn ein Staat so vortreflichen Acker hat, daß er, bei einer alljährlichen Bestellung, keine Düngung vom Vieh bedarf, dabei vom Getreidebau größern Nutzen als von einer großen Viehzucht erwerben kann.

Denn außer dem größern Nutzen vom Getreidebau, welchen die alljährliche Bestellung abwirft, beschäftiget der Acker dann auch mehrere Hände, als wenn davon ein ansehnlicher Theil zu einer starken Viehzucht, dann blos ihrentwegen, unbearbeitet liegen bleibt.

3) Wenn ein Staat so natürlich guten Acker, der überdies gut kultivirt ist, bei einer allgemein eingeführten und wirklich bestehenden Stallfütterung hat, daß er das Feld entweder

all=

alljährlich, oder doch bei einjähriger Ruhe, 7 Jahre hindurch mit Getreide und mit Winter- und Sommerfutter für das Vieh, zu dessen Fütterung im Stall, bisher bestellet (die Wirthschaft in 4 Feldern mit dem Kleebau) und davon reiche Ernten gehabt hat; die Koppelwirthschaft aber, ohne reichere Ernten und ohne größern Nutzen vom Vieh, mehrern Acker hinnehmen würde.

Denn bei diesen Umständen, wenn sie wirklich bestehend vorhanden sind, bedarf es zu einer gleich starken Viehzucht wenigern Ackers, als bei der Koppelwirthschaft.

4) Wenn ein Staat die nur gedachte alljährliche, oder die 7jährige Bestellung mit der Stallfütterung, statt einer bisher gehabten schlechtern Wirthschaftsart, eben so praktikabel und mit größerm Nutzen sicher einführen kann, als die Koppelwirthschaft; so ist ihm relativ schädlich, statt der bisherigen schlechtern Wirthschaftsart die Koppelwirthschaft einzuführen, und relativ nützlich, dafür die alljährliche, oder die Wirthschaft in 4 Feldern mit der Stallfütterung einzuleiten.

Denn wenn man zwischen den Vortheilen von verschiedenem Grade die Wahl hat, nimmt man die größten.

5) Wenn ein Staat, dessen Acker bisher in 3 Feldern gut bewirthschaftet worden, zur Grasung, also zu einer sehr großen Viehzucht, ganz besonders schickliche Felder hätte, so daß sie 10 und 20 Jahre lang reichliches Gras gäben; die Viehzucht dem Landmanne, bei wenigern Kosten und bei wenigerer Mühe, so viel und noch mehr, als ein stärkerer Getreidebau, bei eben so vielen und noch mehrern Kosten, einbrächte; der Staat dabei nicht Gewalt hätte, dem Landmanne, zum Besten des Staats, dienliche Vorschriften zu ertheilen.

Denn es stünde zu besorgen, daß der seiner Willkühr zu überlassende Landmann, auf solchem Boden und bei solcher Verfassung, am meisten auf die Erweiterung der Viehzucht, mit Hintenansetzung des Getreidebaues, sehen, sich zwar Vortheile schaffen, aber die Beschäftigung der Menschen, also die Bevölkerung vermindern würde.

Man findet aber eigentlich keinen Staat, dessen Gesetze nicht seine ersten Vortheile vorschreiben dürften; ein solcher Staat ist krank. Man findet auch nicht leicht einen Staat von einigem Umfange, worin die Besitzer der Ländereien den Ackerbau, zum Nutzen der Viehzucht, mit ihrem eigenen Vortheile vernachlässigen könnten; zumal da der Getreidebau von einer nur proporzionirlichen Viehzucht einen höhern Werth erhält.

Die Vernachlässigung des Ackerbaues, zum Vortheil der Viehzucht, würde auch eine schlechte Verzehrung im Lande, dabei keinen Absatz des Getreides nach dem Auslande, dagegen nur einen starken Absatz des Viehes, des Fleisches ꝛc. über die Gränze voraussetzen.

Die Koppelwirthschaft wird aber

B.

Dem Staate nützlich,

wenn er bisher eine schlechtere Wirthschaftsart hatte, als die Koppelwirthschaft ist, und eine von den beiden vorhergedachten besseren, entweder wegen der von Natur nicht genug guten Beschaffenheit des Bodens, oder doch wegen des bisher nicht gut genug kultivirten Bodens, nicht sogleich einführen kann, sondern vielleicht erst, nachdem das Land, durch die vorhergegangene Koppelwirthschaft, nach und nach, etwa binnen 30 und 40 Jahren, dazu vorbereitet worden.

Denn es wird jedem Staate vortheilhaft seyn

a) ein stärkerer Getreidebau, als der vorherige war; dabei

b) eine größere Viehzucht und ein mehrerer Gewinn davon; dabei

c) daß wenigstens eben so viele und noch mehrere Menschen davon Beschäftigung haben können, als bei der bisherigen schlechtern Wirthschaftsart, und zwar mit dem guten Unterschiede, daß diese sich besser befinden und ihre Staatsabgaben sicher, und ohne ihnen schwer zu fallen, abführen werden.

II.

Kann die Mark Brandenburg, bei ihren größten Theils hohen, leichten und zum natürlichen Graswuchs wenig geschickten Feldern, die Koppelwirthschaft dennoch mit Vortheil einführen? und wie muß sich der Landmann dabei nehmen?

A.

Kann die Mark Brandenburg, bei ihren größten Theils hohen, leichten und zum natürlichen Graswuchs wenig geschickten Feldern, die Koppelwirthschaft dennoch mit Vortheil einführen?

§. 1.

Als die Kräfte der frisch aufgebrochenen Erde aufhöreten so reichhaltig zu seyn, um alljährlich mit Getreide bestellet werden zu können, und die Bevölkerung so zugenommen hatte, daß man seine, durch die alljährliche Bestellung unergiebig gewordenen Aecker nicht mehr mit noch nicht gebaut gewesenen vertauschen konnte, führte man die Brache in der Absicht ein, um den im Ertrage nachgelassenen Acker durch diese Ruhe wieder Kräfte sammeln zu lassen.

§. 2.

Außer den wenigen Wirthschaften in 2 Schlägen, außer den wenigen in 4 Schlägen und in Koppeln, wurde dem Acker nach und nach fast allgemein das dritte Jahr zu dieser Ruhe angewiesen.

Er trug also zwei Jahre Früchte, und das dritte Jahr, genannt das Brachjahr, sammelte er Kräfte, um darauf wieder zwei Jahre bestellt werden zu können.

Man nennt diese Einrichtung die Wirthschaft in drei Feldern.

§. 3.

Nach dieser Eintheilung werden die Felder im Ganzen auch in der Mark Brandenburg bestellet.

Zwei Drittel des ganzen Ackers sollen jährlich besäet werden, ein Drittel des ganzen Ackers soll jährlich unbesäet zur Ruhe liegen bleiben.

§. 4.

Anfangs half diese Ruhe des dritten Jahres, und der Mist von dem in Ställe gezogenen Vieh, nachdem man angefangen hatte, ihn zum Ackerbau zu nützen, bewirkte, daß die nun in dieser Art bestelleten Felder noch länger gute Ernten gaben.

§. 5.

Diese Ruhe im dritten Jahre und der Dünger würden den Acker noch später hinaus bei seinen ursprünglichen und bei reichhaltigen Kräften erhalten haben,

A. Wenn er in der Brache vorzüglich, auch sonst so wäre bearbeitet worden, daß er vom Unkraute rein blieb, und die Winterfruchtbarkeit gut einziehen konnte.

B. Wenn er außerdem hätte so besäet werden können, wie es zur Erwartung gesunder und starker Pflanzen nöthig ist, und

C. Wenn ihm der Dünger zureichend gegeben werden konnte.

§. 6.

A. Der Acker in drei Feldern hätte in der Brache vorzüglich, auch sonst so bearbeitet werden sollen, daß er vom Unkraute rein blieb, und die Winterfruchtbarkeit gut einziehen konnte.

Dieses wäre bewirkt worden, wenn er, nach der abgebrachten Sommerung, wo sein Ruhejahr, die Brache, angehet, mittelst des Hakens aufgerissen, und damit überhaupt so verfahren wurde, als gute Meklenburgische und Holsteinsche Wirthe mit ihrer Brache und mit dem Aufbruche verfahren; wenn auch das Sommerfeld jeden Herbst vorher, zur vorzüglichen Einziehung der Winterfruchtbarkeit, gehaket, das leichte Land gepflüget worden wäre.

§. 7.

Aber als die Bevölkerung zu der Höhe stieg, worauf sie in unsern Tagen ist, wurden in den meisten Gegenden die Wälder so aufgeräumt, die Ackerfelder davon und sonst so erweitert, daß an beträchtlich vielen, ja an den meisten Orten nichts als die Brache, dabei allenfalls noch, in großen Entfernungen von dem Stalle des Viehes, ein Wald mit Kiefern bewachsen, oder eine Lehde, beide von unergiebiger, meisten Theils höchst karger Nahrung, zur Weide übrig blieb.

§. 8.

Am Ende waren die Holzungen durch diese und andere Umstände so vermindert, daß sie selbst zum nothwendigen Bedarf, den unser Klima, die Fabriken und der Luxus vermehren, bald nicht mehr auszureichen schienen.

Deshalb sticht man jetzt, zur Verlängerung des Brennholzes, fleißig Torf, und, um den Nachkommen die Nothdurft zu besorgen, legt man zum Holzwuchse viele und große Reviere in Schonungen.

§. 9.

Eine gut bestandene Schonung von Nadelholz, Büchen und Eichen giebt selten unter dreißig Jahren einige Weide wieder; weil, wenn sonst die gesäete Holzung dem Zwecke gemäß aufschlägt, die Bäume darin so dicht stehen, daß das Vieh nicht durch kann, auch die Kiennadeln und die Blätter so dick auf einander liegen, daß kein Gras hervorkommen kann.

Der Schäfer ist betrogen, welcher darin Trost suchet, daß solche Schonung in sieben bis zehn Jahren wieder offen kommt. — Der Landwirth betrügt sein Vieh, welcher glaubt, im siebenten bis zehnten Jahre bloß deshalb ein Revier wieder behegen zu können, weil er darin eine eben so große Behegung von Kienen rc. austhut.

§. 10.

So wol durch das nöthige Torfstechen, als durch die nöthigen vielen Schonungen, ist die Weide noch mehr verkürzet worden, und es bleibt vielen Gütern die Brache nur noch allein zur Weide übrig.

§. 11.

Die verminderten Wälder auf den Höhen und in den Morästen, die vielen ausgetrockneten Moräste und Brücher selbst verminderten die sonst häufiger gewesenen Regen, den sonst häufiger gefallenen Schnee und Thau, welche sich von deren Ausdünstungen in die Atmosphäre sammelten.

Dadurch wurden das Klima und die niedrigen Aecker verbessert; es wurden aber zugleich, so wol die höheren Aecker zu trockener Natur, als auch die Anger, Marschen, welche an einigen Orten zur besondern Weide vorhanden sind; nicht weniger die nicht sehr tief gelegenen Wiesen selbst.

§. 12.

Da durch alles dieses die Weide an Umfang und an Güte sehr verringert, die Größe der Aecker der Besitzer aber dieselbe geblieben, oder vielmehr noch erweitert war; so wurde die Brache zur Weide absolut nothwendig, ja, nun konnte man nicht einmal die Wiesen, selbst im Frühjahre, mit dem Vieh verschonen. Statt daß die Brache also gleich nach der abgebrachten Sommerung im Herbste umgestürzet werden soll, kann sie nun nicht vor Johannis des folgenden Jahres, an denen Orten, wo außer ihr gar keine bis zur Stoppel reichende Weidung vorhanden ist, erst dann umgepflüget werden, wenn der Rocken abgebracht ist. Und dieses ist in mehrern Gegenden gesetzlich, muß es auch seyn, wenn das Vieh nicht verhungern soll.

Bei dieser an Güte und Umfang geringen Weide kann das Vieh nur klein, schwach und mager seyn, und nicht in gehöriger Zahl gehalten werden.

§. 13.

Die Brache kann daher gar nicht gehörig bearbeitet werden. Und da man ihr doch, so viel möglich, die nach altem Herkommen gebührende Zahl des Pflügens geben will: so geschiehet das verschiedene Pflügen mit dem schwachen Vieh nicht nur an sich so schlecht, daß das Unkraut nicht ausgerottet werden kann, sondern auch, in der bei diesen Umständen bis zur Saat vorhandenen zu kurzen Zeit, zu schnell auf einander, als daß die Furchen, oder eigentlich die damit umgewühlten Kräuter, bis zum folgenden Pflügen, hätten gehörig rotten, faulen, können.

Die Brache kann von solcher Bearbeitung nicht locker, und klar, das Unkraut nicht verwüstet werden, — ja, statt in diesem Ruhejahre das Gras und das Unkraut des Ackers, zum reichen und reinen Getreidebau, zu stöhren, und den Boden das Jahr hindurch, zur Einziehung der Fruchtbarkeit aus der Luft, oft und vorzüglich zu bearbeiten, muß mancher Wirth, des Viehes wegen, vielmehr wünschen, daß er sich davon recht verwildere und verquecke.

Auch dasjenige Feld, von welchem die Winterung abgebracht ist, und welches im folgenden Jahre Sommerung tragen soll, kann man den Herbst vorher nicht pflügen; so wol der Weide wegen, welche bis zum Frost hin dauert, als auch, weil die mageren Erträge dieser zurückgekommenen Felder dem sonst unbemittelten Landmanne nicht soviel abwerfen, daß er die Kosten daran wenden, und nicht so viel Futter geben, daß er das zur zeitigern Beendigung der Ernten und der Herbstsaat, auch zum mehrern und bessern Beackern der Felder dann nöthige mehrere, oder doch tüchtigere Zugvieh anschaffen und unterhalten kann.

So geschiehet die Beackerung schlecht; und da das Land dabei nie ganz rein und recht milde wird, so ist diese schlechte Beackerung zugleich dennoch immer aufhaltend und für das Vieh beständig eine schwere Beackerung

§. 14.

Es ist auch bei der Wirthschaft in drei Feldern fast überhaupt zu viel verlangt, die Aecker so recht gut zu bestellen; weil dann der gesammte Acker, welchen jemand besitzet, alle Jahre bearbeitet werden müßte, nämlich:

Das erste Drittel des ganzen Feldes, die Brache, im Frühjahr, gegen Johannis, nach Johannis und im Herbste, zur Saat der Winterung.

Das zweite Drittel des ganzen Feldes, worauf die Winterung gewesen, im Herbste und im Frühjahr, zur Sommerung.

Das dritte Drittel des ganzen Feldes, worauf die Sommerung gewesen, und welches nun Brache werden soll, im Herbste.

Man müßte also, bei und nach der Herbstbestellung, noch zwei Drittel des ganzen Ackers bearbeiten.

Daher siehet man auch allein, selbst bei denjenigen wenigen Wirthen, welche, außer der Brache, viele Grasung und vielen Wiesewachs, dabei guten Acker haben, und von diesen nur bei den beßten, daß sie nur diejenigen Breiten, welche sie im folgenden Frühjahre mit Gerste besäen wollen, im Herbst mit dem Märkschen Pfluge einmal seicht und in ziemlich breite Furchen pflügen. — Den Erbsen geschiehet diese Güte nicht, dem Hafer noch weniger; an die Brache aber ist auch bei diesen Wirthen gar nicht zu denken. — Dieser, ihrer Lage wegen, so glücklichen Wirthe sind aber über dies zu wenige, als daß sie, wenn die Rede von dem Ganzen der Mark Brandenburg ist, in Rechnung kommen könnten.

Noch weniger können diejenigen fleißigen und bemittelten Wirthe, welche durch Kunst und mit Kosten die Grasung und das Heu, und damit den Ertrag ihrer Güter erhöhet haben, bei dieser Rede vom Ganzen, wegen der unmerklichen Zahl, in Anschlag gebracht werden. — Aeußerst, äußerst wenige haben den Aufwand mit Vortheil gemacht, andere haben den Plan aufgegeben, noch andere haben dem Vortheil überwiegende Kosten verwandt.

§. 15.

Hieraus kann man sich hinreichend genug überzeugen, daß in der Mark Brandenburg, bei der Wirthschaft in drei Feldern, gar nicht zu erwarten steht,

a) Daß alles unbesäete Feld im Herbste werde gestürzet werden.

b) Daß die Brache, zur Vertilgung des Unkrauts und zur Anziehung der Fruchtbarkeit aus der Luft, gehörig könne beackert und mürbe gemacht werden, und

c) Daß auch überhaupt die Erde gehörig, und tief genug beackert werden könne.

§. 16.

B. Der Acker in drei Feldern hätte auch so besäet werden sollen, wie es zur Erwartung gesunder und starker Pflanzen nöthig ist.

Ich habe es hier besonders nur mit der Zeit des Säens zu thun. Darüber sind die Wirthe nicht einerlei Meinung. — Die aus kaltem Boden, sind für das zeitige Säen im Herbste, die aus warmen Boden, für das späte Säen.

Die gewöhnlichen Wirthe sprechen, statt die Ursachen dieser Verschiedenheit anzugeben:

„Es ist bei uns die Landesart, spät (zeitig) zu säen."

Sie verstehen darunter: bei unserm Boden dürfen wir nicht anders verfahren. — Das schlimmste ist, daß gewöhnlich jeder Recht hat; weil der aus einer Gegend, wo zeitig gesäet wird, oder welcher es gehöret hat, das zeitige Säen sey besser als das späte, wenn er solches an einem Orte, wo man das späte Säen nützlicher findet, ausüben will, sich gewöhnlich in dem übrigen nach diesen Spätlingen richtet, sich auch wol, der Umstände des Ganzen wegen, darnach richten muß.

Bei ihm wurde zeitiger geerntet, es war die Landesart, den Saatrocken auszudreschen, so bald er in der Scheuer war, und ihn erst auf den weiten Boden dünn zu schütten, wodurch er vor der Aussäung erst hart wurde. Man pflügte auch wol erst alles Feld zur Saat, und säete dann in eins durch, diejenigen Stücke zuerst, welche zuerst gepflüget waren, diejenigen zu letzt, welche zuletzt geackert waren. — Dieses findet er bei denen nicht, welche spät bestellen, und wo er jetzt wirthschaftet; jenes hat er in der Gegend, woher er kam und wo zeitig gesäet wurde, aus Gewohnheit gethan, ohne den Grund davon einzusehen. Aus Gewohnheit waren auch wol in den andern Gegenden die Kornböden luftiger und größer gebauet, wurde auch wol das Saatkorn fleißig umgeschippet. Vielleicht war ihm hiervon nur bekannt, das Umschippen geschehe deshalb, damit sich das frische Korn nicht erhitze.

Er verfährt also im übrigen in guter Ruhe nach der Sitte der späten Besteller, lobt seinen Fleiß, zeigt vor Winters seine schön stehende Saat; — aber er tadelt im Frühjahre die Ordnung der Natur, welche es dem in seinem Sinne faulen Wirth manchmal besser ergehen läßt! — Was wird aus einem Menschen, wenn ihn in starker Wallung, wo die Lunge und alle innere Theile erhitzt sind und offen stehen, durch einen kühlen Trunk, oder durch die Witterung, plötzlich das Erkalten ergreift, und seine ausgedehnten Gefäße schnell zusammen zieht? — was wird aus ihm gewisser, wenn ihn dieser Umstand bei schwächlicher Leibesbeschaffenheit ertappt, oder indem er eben im starken Wachsthum begriffen war, da sich die Natur noch nicht gesetzt hatte?

Im Herbste schnell hinter einander gepflügt, gedüngt, besonders mit Schafmist, dessen Wirkung geschwinde, dagegen bald verfliegend ist, und wieder gepflügt und gleich darauf frisch ausgedroschenen Samen von dem diesjährigen Rocken oder Weitzen in die frische und feuchte Saatfurche gesäet, so gehet die Saat bald auf, schießt schnell in die Höhe, rüstig und voll steht sie da zur Freude des Landmanns. — Es ertappt sie in diesem schnellen Wachsthume der Frost, und der fleißige Landmann findet im Frühjahr kaum die Hälfte wieder. Dagegen steht die, seines für nachlässig gehaltenen Nachbars, über den im verwichnen Herbst vielleicht die Geißel gezogen wurde, nun doch noch besser.

Das Wintergetreide muß auch in nicht gedüngtes Feld, am wenigsten in frisch gedüngten Acker, nicht eher gesäet werden, als bis die Satfurche trocken ist; der Same von der dies=jährigen Ernte muß nicht schon von der Tenne nach dem Acker kommen, sondern erst dünn geschüttet und hart getrock=net werden; sonst wächst die Saat zu schnell, und es schadet ihr der sie dabei ergreifende Frost.

Man bestelle also in der Art zeitig, so überwächst sich die Saat nicht vor Winters, wie sich die Wirthe ausdrücken, sondern sie bestaudet sich langsam. Dann findet der Frost nicht zu sehr eröffnete und ausgedehnte junge Pflanzen, und dringt weder zu sehr in sie, noch erfrieret er, bei der gemach=ten guten Berasung, die kräftigen Wurzeln. — Im Frühjahr steht sie dann in voller Kraft zeitig da, die auszehrenden Winde rauben nicht so die Fruchtbarkeit aus dem von ihr stark bewachsenen Boden, und sie wächst so fort zur reichlichen Ernte. —

So schlecht ist der Erfolg von der späten Saat in fri=scher Furche gewöhnlich nicht; weil sie, wegen der Kühle des Oktobers, und zuweilen auch des Anfangs des Novembers, überhaupt wegen Mangels der Zeit, auch wol, weil der Rok=ken vor dem Säen etwas länger aus der Aehre gewesen war, nur langsam bis zum Froste hervorkeimte. Gewöhnlich wird hier der Frühling nur diejenigen Pflanzen nicht finden, welchen der Frost ohne Schnee bis durch die Wurzeln reichte.

Wird der Rocken in leicht gefrorenes, oder bereiftes Land gesäet, oder es überfällt ihn dergleichen, indem sich der Same zum Aufgehen eben aufgelöset hat; so erwarte man sicher eine schlechte Ernte. Diese Nässe kann der Keim am wenigsten vertragen.

Wer hat den Tag jeden Jahres gefunden, worin die Na=tur das Gefrieren anfängt? — Auch die letzte Hälfte des Oktobers hat zuweilen noch lange stark treibende Witterung. Daher ist auch der späte Wirth nie sicher, zumal wenn er frisch gedünget hat, daß ihn nur das einfache, nicht das dop=pelte Uebel treffen werde. — Darum soll man im Herbste harte und abgetrocknete Körner in trockne Furchen zeitig säen, damit sich das Getreide langsam bestaude, und nicht schnell, ohne Bestaudung, in die Höhe schieße, ehe der Frost kömmt. — Kann man, wegen der Witterung eines einzelnen Jahres, die Trockenheit der Saatfurche nicht ganz abwarten; so säe man, wenn man dieses absieht, vor dem zum Saatackern, und pflüge diese Herbstsaat durch das so genannte Saatackern unter. Man pflügt nicht, wenn der Boden naß ist, und der Pflug bringt die trockene obere Erde unten an den Samen. Also erhält das Korn auf und um sich trocknere Erde; die oben liegende feuchte Erde trocknet die Luft bald, und das Korn geht langsamer auf.

Der Rocken muß sich aus der Erde herausquälen, wenn er gut mandeln, scheffeln, und mehlen soll, sagen einige Landwirthe sehr richtig.

Ein anderes ist es im Frühjahr. Hier findet die Saat von dem Winter keinen Aufenthalt mehr. Hier wächst sie in eins fort bis zur Sense. Hier säe man also gleich hinterm Pfluge, damit die Saat noch die Winterfruchtbarkeit genieße, und den Boden bedeckt habe, ehe sie Wind und Sonne aus demselben wegführen konnten. Hier bediene man sich auch vorzüglich der Walze.

Diese großen Vortheile kann die Wirthschaft in drei Feldern auch nicht wahrnehmen, sondern muß sich dem Zufalle und den Folgen des späten Säens überlassen; weil darin die Brache, nicht wie man will, sondern wie man wegen der Weide des Viehes kann, bearbeitet und mit der Winterung besäet wird. Man muß hier nur eilen, um den Weitzen und den Rocken in die Erde zu schaffen, ohne erst auf Abtrockenung der Furchen zu sehen, damit es der Frost nicht gar unmöglich mache. — Es kann auch im Frühjahre weder zeitig genug, noch ehe die Winterfeuchtigkeit und damit die im Winter gesammelten fruchtbaren Theile verfliegen, gesäet werden; weil das Feld allererst im Frühjahre verschiedenemale, um es einigermaßen für die Pflanzen zuzubereiten, gepflügt werden muß, statt man es kann, und man mit einmaligem, oder doch mit zweimaligem schneller auf einander möglichem Pflügen reicht, wenn der Acker vor Winters, im Herbste, gut gepflüget wurde, und der Rasen dadurch verfault war.

An Verlängerung der Winterfruchtbarkeit durch die Walze, nach dem Zueggen der Saat, wird, wenigstens bei leichterem und mittelm Boden, gar nicht gedacht; weil man die Arbeit scheuen muß.

§. 17.

C. Dem Acker in drei Feldern hätte außerdem der Dünger zureichend gegeben werden sollen.

Zur Anschaffung eines zureichenden Düngers (Mistes) ist hinreichendes gut gefüttertes und gut gestreuetes Vieh nöthig.

Das meiste Futter für das Vieh besteht in Gras und Heu. Es bedarf also zureichender Weidung und Wiesen.

§. 18.

Wenn ein Boden beständig gutes und reichliches Gras tragen soll, so muß er sehr feucht seyn, nur kein stehen bleibendes Wasser haben, er muß alle zwei bis drei Jahre überschwemmt werden, und davon, außer der nöthigen Feuchtigkeit, guten Schlamm gewinnen; oder, in Ermangelung solcher Ueberschwemmung, zum Graswuchs zureichend gedünget werden.

Wo den Wiesen beides fehlt, da wird aus einer zweischürigen, eine einschürige, und auch diese von immer geringerm Graswuchse.

§. 19.

Das Düngen macht aber auch nur bei dem eigentlichen Wiesenboden auf beständiges Grastragen die verlangte Wirkung. Bei dem Boden von der gewöhnlichen Feuchtigkeit der zum Getreidebau pflügbaren Erde wird auch die Düngung nicht auf einem und demselben Fleck einen reichlichen Graswuchs beständig unterhalten; zumal es gegen den Nuzzen der Grasung zu kostbar seyn würde, solchem Acker, bloß zu dem Grase, alle vier Jahre vier große Fuder Mist pro Morgen zuzufahren.

Deshalb bemerken auch die Holsteiner und die Mecklenburger bei ihrem pflugbaren Acker, nachdem er mehrere oder wenigere Feuchtigkeit hat, und an sich halten kann, in vier, fünf, sechs, sieben und acht Jahren eine Abnahme des Graswuchses, und lassen ihn dann wieder verschiedene Jahre Getreide tragen. In diesen Bestellungsjahren ruhet er sich dann vom Grastragen zugleich um so mehr aus, als, während der Bestellungen mit Getreide, kein Gras darauf gelitten wird.

§. 20.

Weil die Brache so lange als möglich zur Weide liegen bleiben mußte, konnte sie nicht dergestalt geackert werden, daß sie, während der Ruhejahre, die Fruchtbarkeit aus der Luft vorzüglich an sich zu ziehen vermochte. Sie bedurfte daher desto mehrern Düngers zum Ersatz. — Die trockener gewordenen Wiesen und die Weidungen, bedurften desselben zum Ersatz der weniger gewordenen Feuchtigkeit gleichfalls desto mehr.

So entstand so wol für den Ackerbau, als auch für den Graswuchs, ein stärkerer Bedarf an Dünger.

§. 21.

Da aber die Weideplätze und die Wiesen, durch die Erweiterung der Ackerfelder, aus den ausgerodeten Forsten und aus andern Weideplätzen, hernach durch die nothwendigen Schonungen, durch das nothwendige Torfstechen, eingeschränkt, durch die Rodungen und Austrocknungen (die Wiesen auch noch durch das Betreiben mit dem Vieh im Frühjahre) unergiebiger, die Getreide- und Stroherndten geringer wurden, also des Winter- und Sommerfutters auch des Streustrohes, zumal da dieses mit verfuttert werden mußte, weniger wurde: so verminderte sich ganz natürlich der Dünger zu eben der Zeit, wo er in größerer Quantität zum Graswuchse und zum Getreidebau gebraucht wurde;

weil das Vieh nicht gehörig gefüttert und gestreuet, auch nicht die zureichende Zahl gehalten werden konnte.

§. 22.

Der verständige Landmann in drei Feldern sah die Ursachen der Abnahme seines Ackerbaues und seiner Viehzucht;

aber bei diesen Umständen wußte er nicht zu helfen. — Der Beamte zahlte nach diesem geringen Ertrage die Pacht, — der Eigenthümer wurde den geringen Ertrag gewohnt, — der Sohn wußte nicht, daß der Ertrag je besser gewesen war, er hatte hiernach das Gut angenommen oder erkauft, und wünscht nur für die Nacht Regen, für den Tag Sonnenschein; weil er aus Erfahrung weiß, daß die nassen Jahre noch die ergiebigsten sind, die trockenen ihn gänzlich zurücksetzen.

§. 23.

Einige Landwirthe wollten die Vermehrung des Düngers durch stärkere Heerden erzwingen. — Sie räsonnirten:

„Der jetzige Viehstand verschafft so vielen Mist und so „vieles bares Einkommen; ein so viel stärkerer Vieh„stand wird also so viel mehr von beiden verschaffen."

Da aber, in Ermangelung der Zulänglichkeit des Heues, das Stroh dabei lang und als Häckerling noch mehr verfüttert werden mußte, auch die Sommerweide nicht einmal Grasung genug gab; so erfuhren sie, statt dessen,

daß vieles schlecht gefüttertes und schlecht gestreuetes Vieh noch wenigern Dünger giebt, als nur so vieles Vieh, welches, bei auch nur mittelmäßigem Futter, doch noch gut gestreuet wird. Auch hatten sie, statt des berechneten mehrern Vortheils, baren Schaden.

§. 24.

Es war demnach nicht daran zu denken, die Wiesen und die Weideanger mit Mist zu unterstützen, um mehrern Mist zu erhalten. Es wurde kaum so viel gemacht, um die zunächst gelegnen Getreideäcker alle neun Jahre und höchstens alle sechs Jahre mit vier Fudern, öfters schlechten Mist, auf einen Scheffel Aussaat, einmal zu düngen.

§. 25.

Nur höchstens mit vier Fudern Mist auf einen Scheffel Aussaat konnten die Felder in sechs Jahren einmal gedünget werden. Nicht alle Wirthe reichen so weit; nur diejenigen, welche vielen Wiesewachs, und, außer der Brache, große Weidungen haben.

Auch selbst bei manchen dieser wenigern glücklichen Wirthe muß die magere Schafhordung mit als ein ganzer, oder doch als ein halber auf drei Jahre reichender Dünger, dem Acker dennoch angerechnet werden.

Auch haben selbst von diesen wenigern Wirthen viele daneben noch gewisse Stücke Hinterland, welche nicht zum Düngungsschlage gehören, und ohne allen Dünger bleiben; daher auch nur alle drei bis zwölf Jahre ein bis zweimal bestellet werden können.

§. 26.

Diejenigen Wirthe, welche nur kärgliches Heu, wenigen, oder wol gar keinen Anger, also die Brache nur allein zur Weide haben, erreichen es gar nicht, alle sechs Jahre mit dem Dünger herumzukommen. Diese haben daher auch desto mehr von den §. 25. bemerkten Hinterländern, und es sind solcher Wirthschaften, besonders auch bei den kleinen Höfen der Bauern und der Kossäten, gewiß nicht wenige.

§. 27.

Wie viele Dörfer liegen nicht schon auf der Höhe von Berlin herum, z. E. Lichtenfelde, Marienfelde, Lankwitz u. s. w. und fast die ganze Höhe, welche nicht nur keinen Anger, sondern sogar auch keinen Wiesewachs haben. — Die Brache, welche deshalb bis zur Rockenstoppel liegen bleiben muß, und etwa eine kleine Lehde, d. i. ein Stück Sandland, welches mit Nadelholz besäet werden sollte, sind die alleinige Weide. — Für die Pferde und Schafe wird etwas weniges Heu, zwei bis drei Meilen weit theuer erkauft. Die Kühe ernähren sich von dem magern Stroh und von dem wenigen Kaff.

§. 28.

Dieses Uebel, besonders des Wiesenmangels, hat noch andere schlechte Folgen. Man schneidet den Pferden die ungedroschenen Garben zu Häckerling, um das für baares Geld und zwar theuer zu erkaufende Heu zu ersparen; man sieht

gar

gar nicht auf reinen Ausdrusch, weil sonst das übrige Vieh, bei dem magern Stroh, nicht auf den Beinen bleiben würde.

Dieses Verfahren findet man auch bei Berlin herum, — bei einer Stadt, wo das Getreide allemal in gutem Preise steht.

§. 29.

Man vergleiche die Einfuhren des Getreides nach Berlin von diesen nächsten Dörfern mit ihren großen Feldmarken — die Vermessungsregister, zusammengehalten mit den Registern der Akzise, lassen den Vergleich anstellen — so wird man erstaunen, wie weniges Getreide von diesen Unterthanen verkauft wird.

Sie verkaufen fast gar kein Getreide, und nicht alle reichen immer zur Konsumtion, zur Saat und für das Vieh. — Daher immer mehrere Aecker, welche unbestellt liegen bleiben, und immer mehrere so genannte Hinterländer, drei, sechs, neun, zwölfjähriges Land.

Was ist auch natürlicher? weder die Brache wird vor der Stoppel des Rockens aufgebrochen, noch das Sommerfeld vor dem Frühjahre. Zu **Erbsen, Hafer** und **Buchweitzen** wird gewöhnlich dennoch nur einmal, zur Gerste höchstens zweimal, und dieses so hinter einander, gepflüget, daß der Rasen nie verfaulen kann. Dennoch bleibt der Boden wieder zu lange offen, als daß die wenige Winterfruchtbarkeit, vor der Einsaat der Sommerung, nicht verfliegen sollte. — Panko, Schönhausen, Marienfelde ꝛc. sind ganz nahe gelegene Beispiele.

Die von der Höhe vor Berlin nähren sich von der Stadt, durch den Anbau der Zichorien, der Kartoffeln und einiger Gartengewächse.

Ihre Arbeit gehet weit; sie pflügen nicht, sondern sie graben den Acker zu diesen Gewächsen, selbst zu den Kartoffeln und zu dem geringen Flachsbau.

Sie sagen: Diese Früchte müssen uns die Abgaben einbringen, und wir müssen uns mit dem Graben so quälen; weil sie nach dem bloßen Pfluge bei uns nicht wachsen.

Eigentlich: Unser Acker ist für diese Früchte zu sehr ausgehungert und verquecket; wir können ihn nicht so lange von der Weide entbehren, um ihn oft genug zu pflügen; und diese magere Brache, wo zu dem das Gras nie recht hervor kann, hält unser Vieh zu schwächlich, als daß wir ihn tüchtig pflügen könnten; überdies können wir dem Acker nicht den zu diesen Früchten bedürfenden Dünger geben. Es ist zu bewundern, wie viel Acker diese kleinen Familien mit dem Spaten umgraben; es leidet aber dadurch das übrige zum Getreidebau bestimmte Feld auch noch.

Entferntere Unterthanen auf solchen Gütern helfen sich mit dem Holzstehlen, welches sie mit ihren Gespannen des Nachts rauben und zur Stadt bringen. Dieses macht überdies liederliche Leute. — Es ist aber dieser unerlaubte Gewinnst, theils wegen des Holzmangels, theils wegen der genauen Aufsicht, jetzt beschränkt.

Noch andere, die unrecht genannten Leibeigenen, eigentlich die Pachtbauern, Laßbauern, der Aemter und der Rittergüter, welche kein Eigenthum haben, fallen der Herrschaft mit Saatkorn, Vieh, nicht bezahlten Pachten, schlecht zu leisten möglichen Diensten u. s. w. zur Last. — Hier leidet die Gutsherrschaft; bei allen aber der Staat.

§. 30.

Bei diesen Umständen erhielten im Ganzen kaum die nächsten Aecker alle sechs Jahre einmal eine magere Düngung, die entfernter gelegenen Aecker, das so genannte Hinterland, die hintersten Enden der Feldmarken, konnten noch weniger Mist erhalten, und nachdem sie durch den Mangel der Fuderzahl, welche noch auf die näheren Felder kommt, noch schlechter geworden waren, also im Ganzen weniger Stroh zum Streuen gewonnen wurde, konnte man sie zuletzt nicht werth halten, für sie, dem durch mehrere Düngung und Kultur besser gebliebenen nähern Acker, den so nur kärglich zugebenden Mist zu entziehen.

Sie erhielten daher zuletzt gar keinen Dünger mehr, und gediehen dahin, daß sie endlich keine mit den Kosten in Verhältniß stehenden Früchte trugen, ja oft nicht mal die Saat ablieferten. — Man ließ sie unbestellt liegen.

Also werden bei der Wirthschaft in drei Feldern jährlich weniger, als zwei Drittel des Ganzen bestellet.

§. 31.

Nachdem diese ungedüngten Hinterländer verschiedene Jahre unbestellt gelegen hatten, versuchte man, ob sie jetzt, nach dieser längern Ruhe, wieder zu bestellen wären. Der Versuch gelang, und man erfuhr dadurch, daß sie, je nachdem ihre natürliche Beschaffenheit noch ist, nach einer drei, fünf, sechs, neun und zwölfjährigen Ruhe (daher das so genannte drei, fünf, sechs, neun und zwölfjährige Land) wieder ein bis zwei Jahre nach einander mit solchen Früchten, welche am ehesten, bei weniger Nahrung, eine Art von Mittelmäßigkeit erreichen, mit einigem, doch sehr geringem Nutzen, ohne Düngung bestellet werden konnten.

§. 32.

Auf solche Länder bringt man höchstens das erste Jahr Buchweitzen, das zweite Rocken. Dann ist es hohe Zeit, wieder acht bis eilf Jahre Ruhe zu geben.

Einige haben bei ihren Hinteräckern solcher Kultur, die Erfahrung dahin erweitert, daß es vortheilhafter sey, das erste Jahr Buchweitzen zu bestellen, das zweite Jahr schon wieder Ruhe zu geben, und erst das darauf folgende dritte Jahr Rokken, als die zweite und letzte Saat zu bestellen.

Die Bestellung dieser Felder mit Rocken, Hafer, ist unergiebiger; weil dann von beiden noch weniger wächst, der Buchweitzen bessern Preis hat, und er dem unmitelbar, oder nach einem Ruhejahre darauf folgenden Rocken einige, wenn er recht gut geräth, mehrere Fruchtbarkeit ertheilet.

Die Wirthe, welche diese Felder mit Rocken, darauf mit Hafer bestellen, haben also unrecht, wenn sie glauben, es sey Schade, dem Rocken, als dem Hauptgetreide, nicht das erste Jahr den Acker zu geben, in der Meinung, daß er dann die gesammelten Kräfte dieses magern Ackers unverflogen beisammen erhalte.

§. 33.

Ueberhaupt aber giebt auch diese seltene Bestellung, ungeachtet der drei bis eilfjährigen Ruhe, auf diesen nie gedüngt werdenden Feldern, dennoch sehr magere Ernten, und das ganz natürlich. Denn diese so weit gekommenen Aecker liegen außerdem hoch und trocken; sie hatten ursprünglich eine mittelmäßige Mischung von Erde und Sand; sie erhielten dabei nie Dünger, wodurch sie im Stande seyn konnten, die Fruchtbarkeit der Luft mehr an sich zu ziehen; erhielten nie Mist, dessen grobe Theile wieder Erde, also ein Ersatz für diejenigen Erdtheilchen werden konnten, welche der Regen ausspülete, welche auch die trockene Luft fortführte, und welche, sammt den salzartigen Theilen, in die magern Kräuter selbst eingehen.

§. 34.

Die Bestandtheile dieser Aecker müssen also auch mehr an trockenem und lockerm Sande, weniger an feiner und tragbarer Erde, das ist, an solchen Erdtheilen, die wir in den Pflanzen bei ihrer Auflösung finden, und immer mehr allzu trockener, und unfruchtbarer Natur werden.

So beschaffen, können sie auch in ihrer langen Ruhe nicht so saftige Kräuter tragen, um durch Fäulniß saftiger Blätter, starker und saftreicher Wurzeln, von der Seite Fruchtbarkeit und feine Erdarten zu gewinnen; können sie auch von dem Weideviehe nichts empfangen, da es nicht Nahrung darauf findet, sich also nicht lange darauf verweilet. — Das wenige, was noch geschiehet, ziehen die trockenen Winde und die Sonne, wie den Schnee, den Regen und den Thau, gleich aus, da sie bei dem schlechten Bewuchs, bis in den nunmehr unzusammenhängenden Boden selbst eindringen.

§. 35.

Der Beweis von allem diesem ist eben, daß man auf solchen ruhenden Aeckern nicht fette Kräuter findet. Sie sammeln nur so viele Kräfte, als die niedrigen, magern und zähen Gewächse bedürfen.

Jeder Landwirth siehet dieses alles auf dem Felde selbst, und das darüber gesagte, ist bloß eine Anzeige der Ursachen, warum es so ist, wie man es findet.

§. 36.

Sicher aber hieraus zu folgern ist, daß diejenigen von diesen Feldern, welche sonst noch alle sechs Jahre zwei Früchte trugen, nach und nach auch gleichfalls dahin kommen müssen, daß sie zum einjährigen bis zweijährigen Tragen, endlich acht, neun und mehrere Jahre werden liegen bleiben müssen, und daß der Fruchtertrag dennoch immer geringer werden muß.

---

§. 37.

Schon diese Erfahrung:

Daß die Ruhe die ungedüngten, am schlechtesten gewordenen Felder wieder in den Stand setzet, nach drei bis zwölf Jahren, ohne Mist, ein bis zweimal Früchte zu tragen,

hätte den Landmann schon lange auf den Schluß bringen sollen,

a) Daß die nicht überschwemmt und nie gedüngt werdenden Anger, endlich wol eben so des Grastragens müde seyn möchten, als ihre ungedüngten Hinterländer des Getreidetragens müde sind, und da diesen ganz zurückgekommenen Aeckern, Ruhe vom Getreidetragen hilft, daß den Angern auch wol Ruhe vom Grastragen helfen möchte; — da auch jene, gegen diese, von sehr dürrem Boden sind, und dennoch nach der Ruhe von verschiedenen Jahren wieder einige Ernten ohne Düngung liefern, die Anger, welche eine bessere Lage und bessern Boden haben, auch zeitigstens seit dem dreißigjährigen Kriege nicht, oder nie Getreide trugen, nun wol, statt des ewigen Grases, desto reifere Getreidefrüchte tragen möchten, — und da sie so lange nicht, oder nie bestellt wurden, nun wol, mittelst des Düngers, mehrere Jahre hinter einander reiche Früchte tragen möchten, und, eben wegen der langen Ruhe von der Getreidebestellung, wol reichere Früchte, als die übrigen Aecker, welche damit, seit undenklichen Zeiten, immer zwei Jahre hinter einander besäet wurden.

§. 38.

b) Das aus gleichem Grunde, weshalb die Anger nicht mehr so viele Grasung als ehemals geben, die gewöhnlich noch alle sechs, neun und zwölf Jahre gedüngten Felder, zumal diese Düngung nur sehr schlecht und karg gegeben werden kann, wol nicht mehr so reiche Ernten, als sie sollten, geben möchten; daß daher eine längere Ruhe vom Getreidetragen, als die im dritten Jahre, besonders bei den Umständen, worin diese getrieben werden muß, sie wol fruchtbarer machen möchte; zumal die Erfahrung bei den nie gedüngt werdenden Hinterländern bestätiget, daß die Ruhe vom Getreidetragen die Erde dazu wieder aufhilst — daß sie auch, bei solcher längeren Ruhe, wol mehr Gras geben möchten, als sie jetzt thun können, wo das Gras, da es nur ein Jahr steht, weder vor dem Pfluge noch vor dem Vieh Zeit hat, sich recht zu bestauden und zu bewurzeln, und daß diese Aecker, weil sie seit undenklichen Zeiten nicht verschiedene Jahre Gras allein hinter einander getragen haben, nun wol eben so viele, bei einer nicht zu schlechten Lage, noch mehrere Grasung geben möchten, als die davon schon ermüdeten Anger.

Außer der Gleichheit der Ursachen, welche dieses wahrscheinlich machen, macht ihnen die Erfahrung solches augenscheinlich, da sie sehen, daß dieser in drei Felder liegende Acker schon in dem einen Brachjahre eine Art von besserer Berasung erhalten will, welche aber das Vieh, und nach Johannis der Pflug stört.

Ferner, wenn sie ihre ungedüngten Hinterländer aufbrechen; so finden sie den Acker voller Bocksbart, und anderer magerer Kräuter. Wenn sie ihn, nachdem er wieder zwei Jahre Getreide getragen hat, ansehen; so finden sie etwas Gras, welches in dem folgenden Jahre sich noch um etwas zu vermehren scheint.

Im dritten Jahre sind erst die alten Gäste wieder da. — Sie werden schließen müssen; das Gras würde noch länger gedauert haben, und ergiebiger gewesen seyn, wenn diese Aecker nur nicht ohne allen Dünger und nicht so gänzlich entkräftet wären.

Weiter sehen sie auf den Gränzfurchen und auf den Wasserfurchen der Beete ihrer drei Felder, so lange das Getreide darauf steht und daher das Vieh nicht hinkommt, besseres und mehreres Gras, als auf diesen Furchen der Brache, von welchen das Vieh, gleich von der abgebrachten Ernte an, nicht wegkam.

Man kann sagen, daß zu dem vorzüglichen Gedeihen der Gräser auf solchen Furchen zwischen dem Getreide, außer der Schonung vom Vieh beim ersten Aufsprossen, die Kühle und der Schatten auch vieles beitrage, den ihnen das höher stehende Getreide gebe. — Dieses trägt zum vorzüglichen Graswuchse allerdings bei, und es ist ein Grund mit, warum die Holsteiner ihre Koppelwälle höher machen, als es nöthig ist, das Getreide bloß vor dem Vieh zu sichern, und warum sie die Wälle mit lebendigem Holze bepflanzen.

Einen fernern Beweis, wenn er nöthig wäre, könnte man aus der Erfahrung nehmen, wornach perennirende Gewächse im zweiten Jahre allemal anfangen, mehr zu wuchern und sich zu verbreiten, als in dem ersten Jahre, worin sie gesäet werden, z. E. Honiggras, Klee, Luzerne, u. s. w.

Alle diese Umstände müssen dem Landmanne hinreichend beweisen:

Daß der in drei Feldern bewirthschaftete Acker länger als ein Jahr Gras tragen kann, daß das Gras im zweiten Jahre besser stehen, daß es mehr Gras geben werde, wenn es beim ersten Aufsprossen von dem Vieh verschont worden, und wenn es der Pflug nicht schon in dem ersten Jahre wieder umstürzet.

Darum, daß die Felder, welche noch wirklich in der dreijährigen Bestellung liegen, allemal nur ein so genanntes Ruhejahr haben, wächst in diesem einem Jahre nicht Gras genug; denn wie es herauskommt, wird es auch von dem hungrigen Vieh gleich abgefressen, zumal hier keine Schläge sind, wo dasselbe eine Zeit hier, die andere dort weiden könnte, um das abgefressene erst wieder heranwachsen zu lassen, und wenn es seiner Natur nach erst anfangen sollte, sich recht auszubreiten, schon wieder umgepflüget wird.

Deshalb nützet diesen Feldern das Brachen auch zum Getreidebau weniger, als es ihnen nützen würde, wenn diese Ruhe auf einmal länger und seltener gegeben würde,

1) Weil der Acker bei dieser Behandlungsart nie vom Grase und Unkraute rein seyn kann, er eigentlich also darin nie Abwechselung hat. Daher werden seine Kräfte von diesen beständigen Grasgewächsen angegriffen, anstatt sie ihm zu gute kommen würden, wenn er sie seltener, und dann voller und fetter trüge.

2) Da das Gras Theils in der Zeit, Theils wegen des Viehes, sich nicht berasen kann; so kann die trockene Luft und die Sonne das Brachfeld allenthalben stark berühren. Der Boden ist Theils vom Vieh, Theils von der nur schlechten Bestellung, dennoch zu fest, als daß die Fruchtbarkeit des Winters, des Regens, der Thaue, und als daß der Pferch von dem Vieh auf der Weide darin gehörig eindringen könnte. Besonders wird der Pferch, welchen das Vieh auf der Weide verliert, ehe er in diese äußerst niedrig und dünn bewachsene Erde einziehen kann, von der Sonne und von der Luft weggeführet, oder vom Regen ausgewässert und weggespült.

Man kann daher der Brache den wenigen und schlechten Pferch des magern Weideviehes, außer den Hordungen, nicht anrechnen. Die Wirthe thun es auch nicht.

Wenn der Acker dagegen mehrere Jahre als Brachweide liegen bliebe; so würde man sich so einrichten können, daß man einjährige, zweijährige, dreijährige u. s. w. Brachweide hätte. Dann könnte man möglich stellen:

1) Daß die neue Weide von dem Vieh nicht vor der Berasung angegriffen würde;

2) Daß auch jeder Weideschlag (jede Koppel) selbst geschonet würde, dadurch, daß die Koppel diese vierzehn Tage u. s. w. dann jene u. s. w. (nach den Umständen des baldigen und langsamen Wiederanwuchses, welches von der Lage des verschiedenen Bodens und von der Witterung abhängt,) beweidet würde, damit die Koppel Zeit gewönne, das Abgefressene in Ruhe wieder anzusetzen.

Dann würde das Gras, nach der natürlichen Beschaffenheit seines Bodens, wenigstens so hoch und so voll stehen können, daß die Luft und die Sonne nicht die Erde an seinen Wurzeln austrockneten und den Pferch gleich auszögen.

Der Boden würde also, selbst durch die bessere Behaltung der Feuchtigkeit, mehr Gras geben,

um mehreres Vieh und es besser zu ernähren; um dem Acker, außer dieser Feuchtigkeit und dem mehrern Dünger, mehr verfaultes Gras und Wurzeln, und zwar beides von saftigerer Art, in der längern Ruhe zu geben, und er würde von diesen allen so gestärket werden, daß er, mit Abwechselung der Getreidearten, wieder verschiedene und mehrere Jahre nach einander, als in drei Feldern, reiche Früchte geben könnte

§. 39

Ferner hätte der Landmann schließen können:

c) Daß die Anger, wenn sie zum Getreidebau verwendet werden, wol eben so mit der Zeit im Reichthum des Ertrages, wie die alten Aecker, und diese, wenn sie zur Grasung in Ruhe gelegt sind, mit der Zeit wol eben so im Reichthum des Graswuchses, wie ehemals die Anger, wieder nachlassen möchten; daß also nach einigen Jahren, je nachdem es der Acker zeitiger oder später verlangt, und in guter Düngung gehalten ist, diese Abwechselung allemal von neuem gemacht werden müsse.

Darnach würde der Acker in acht, neun, zehn und mehrere Abtheilungen (Schläge, Koppeln) zu theilen und zu bewirthschaften seyn, nachdem er mehrere oder wenigere Jahre in vollem Graswuchse bleibt, und mehrere oder wenigere Jahre nach einander wieder gutes Getreide zu tragen vermag.

§. 40.

Weiter hätte er schließen können:

d) Da der Acker zum fortgesetzten reichen Ertrage die Abwechselung des Getreidebaues mit dem Grasbau verlangt; so würde es auch gut seyn müssen, so lange er in Bestellung mit Getreide ist, die Getreidearten selbst in einiger Distanze abwechseln zu lassen, und nicht beständig Rocken, Hafer; Rocken, Hafer zu bestellen, welches bei der Wirthschaft in drei Feldern nicht füglich anders angehet.

§. 41.

Ferner,

e) Da solchergestalt der Acker in acht, neun, zehn und mehrere Abtheilungen zu bewirthschaften ist; so wird zu jedem Schlage nur ein kleiner Theil des entkräfteten Hinterlandes kommen, dieser kleinere Theil besser bewirthschaftet werden, und so wol deshalb, weil er auf jede Koppel nur in kleinem Antheil fällt, mit zur Düngung gelangen, als auch, weil aus dieser abgeänderten Wirthschaftsart überhaupt mehreres Stroh und bessere Weidung zu erwarten stehet.

Dadurch erwächst also Hoffnung, allen Acker tragbar zu reicheren Früchten und zu besserer Grasung zu machen.

§. 42.

f) Daß auch derjenige Theil der Weide, welcher jährlich zum Getreidebau aufgebrochen wird, weil dieser dann nur ein Achtel, ein Neuntel, ein Zehntel, ein Dreizehntel des gesammten Ackers enthält, statt die Brache ein Drittel des ganzen Feldes enthielt, besser werde beackert werden können; zumal dieser kleinere Theil auch eher von der Weide, als jene ganze Brache zum Beackern genommen werden kann; um so mehr, da dieser Theil der Weide, durch einen andern in Ruhe zu legenden, allemal gleich ersetzt wird; daß also auch daher bessere Erträge zu erwarten stehn würden.

§. 43.

g) Daß aus gleichem Grunde, und weil das Zugvieh bei der besseren Weide tüchtiger seyn, auch die Erde, wenn sie das Jahr vorher gut bearbeitet worden, nicht so viele Arbeit und Kraft, als die ehemals beständig verquekten Felder, kosten würde; — daß also dann auch der übrige Acker besser bearbeitet, und wenn er das folgende Jahr Sommerung tragen soll, zur vorzüglichen Anziehung der Winterfruchtbarkeit und zur Vertilgung des Unkrauts, den Herbst vorher aufgerissen werden könnte.

§. 44.

h) Daß das tüchtigere Vieh und die Entbehrlichkeit der Weide auf den Stoppeln bis zum Winter, möglich machen würde, im Herbste zeitig genug die Aussaat beendet zu haben, damit sich das Getreide, vor dem Eintritt des Frostes, langsam bestauen könne, und auch wirklich Zeit übrig bleiben würde, die Winterstoppel noch im Herbste zu stürzen.

§. 45.

i) Daß dann auch die Frühlingssaat würde so bestellet werden können, damit ihr die im Acker eingezogene Winterfruchtbarkeit, ohne erst durch oft wiederholtes Pflügen im Frühjahr, von Luft und Sonne ausgezogen zu werden, ganz zu gute käme; man dabei auch Kraft haben würde, die so nützliche Walze anzuwenden.

k) Daß die durch solche Einrichtung errungene zureichende Grasung das unzeitige Beweiden der Wiesen unnöthig machen würde, um desto mehr Heu für den Winter zu gewinnen, um also auch desto mehr Stroh zum Dungermachen verwenden zu können.

l) Daß endlich auch diese bessere Weide und der Kleebau möglich machen würde, nicht das Vieh in der Jahreszeit, auch nicht jeden einzelnen Tag so zeitig und so spät auf der Weide lassen zu dürfen, daß es davon Schaden nehmen, oder wol gar in verderbliche Seuchen verfallen könnte.

Wer zureichendes Heu u. s. w. hat, schickt nur als Ausnahme das Vieh vor der Mitte des Monats Mai auf die Weide, dadurch wird die Grasung desto besser. — Wenn die Grasung gut ist, so braucht das Vieh in den langen Tagen nicht vor der Abtrockenung des Thaues und bis derselbe des Abends fällt, auch nicht in den heißesten Stunden auf der Weide zu seyn, es sättiget sich in der übrigen Zeit. In den kürzeren Tagen des Herbstes kann das Vieh des Morgens (oder auch mit des Abends) ein Futter vom grünen Klee im Stalle erhalten, um auch hier nur auf einer Grasung zu seyn, von welcher der Thau und der Nebel schon abgetrocknet sind.

§. 46.

Aus allen diesen Sätzen, Schlüssen und Erfahrungen hätte der aufmerksame Landmann in drei Feldern, er habe welchen hohen Acker er wolle, schon lange von selbst diese Regeln folgern und sie ausüben sollen:

Man müsse das Land, um reicheres Getreide und mehrere Grasung davon zu haben, nicht beständig Getreide, und nicht beständig Gras tragen, sondern beides mit einander, auf die nützlichste Art, abwechseln lassen.

Eine Wirthschaft nach dieser Regel heißt:

Die Koppelwirthschaft.

Sie folgte aus der Nothwendigkeit von selbst, und ihr folgte zugleich mit, daß sie auf jedem Boden statt finde, und auf jedem Boden, also auch in der **Mark Brandenburg**, vortheilhafter sey, als die Wirthschaft in drei Feldern.

§. 47.

Es folgt aber freilich nicht, daß aus drei Feldern in Koppeln gelegte solche Aecker, welche, bei einer hohen Lage, leicht und zum natürlichen Graswuchs weniger geschickt sind, den Reichthum derjenigen, weder im Getreideertrage, noch in der

Grasung erreichen werden, welchen Felder abwerfen, die eine tiefere Lage und bessern Boden haben, oder sonst von Natur zum Graswuchse geschickter sind.

Jene werden nie, auch nicht durch die Koppelwirthschaft an sich betrachtet, wenn nicht zugleich bessere Erde aufgefahren wird, den Reichthum derjenigen Holsteinischen und Meklenburgischen Koppelfelder, welche von Natur besser sind, weder in dem Getreidebau, noch in der Viehzucht ganz gleich kommen; dem so wol wegen seiner Lage, als wegen seines allervortrefflichsten Bodens so berühmten Marschlande, gegen den Ausfluß der Elbe, werden sie auf keinem Falle gleich kommen. Dieses läßt sich auch nicht verlangen.

§. 48.

Ueberhaupt kann nicht die mehrere, oder wenigere Nutzung gegen die der Holsteiner und Meklenburger, den Landmann, oder den Staat bestimmen, es nur davon abhängen zu lassen, ob die einheimische Wirthschaft in die Art die ihrigen übergehen solle, sondern nur allein:

Ob durch die Koppelwirthschaft eine höhere Nutzung, als durch die bisherige in drei Feldern, wirklich zu erwarten stehe.

§. 49.

Wenn also auch in der Mark Brandenburg die Koppelwirthschaft, in solchen Gegenden, nicht von Anfang an die Nützung erreicht, welche jene Herzogthümer haben; wenn auch derjenige Boden darin, welcher schlechter ist, nie dem besseren jener ganz gleich kommt: so wird sie doch mehrern Nutzen als die Wirthschaft in drei Feldern abwerfen, und für die Zukunft immer bessere Hoffnung geben. Nur hierauf kommt es an, und dieses ist bisher bewiesen worden. Wie mir däucht, habe ich den Beweis so geführet, als ihn Vernunft und Erfahrung leisten können, ungeachtet ich mich dabei habe enthalten müssen, Güter namentlich zu nennen; weil jeder Besitzer, wegen des Kredits, und aus Ursache der Leidenschaft, ungern sieht, daß sein Gut, als eins von schlechtem Ertrage, zum Exempel aufgeführet werde.

§. 50.

Vielleicht möchte es noch darauf näher anzukommen scheinen wollen:

Ob man von Feldern solcher Art erwarten könne, daß sie, wenn sie länger als ein Jahr zur Ruhe liegen bleiben, dann dennoch so viel Gras, oder lieber noch mehr, als das erste Jahr wirklich geben werden.

Das vorhergehende enthält auch hiervon den Beweis schon. Ferner, wenn wir unsere Hinterländer, über welche ich mich aufgehalten habe, im ersten Ruhejahre ansehen; so bemerken wir, daß sie etwas weniges Gras enthalten, und daß sich dasselbe im zweiten Jahre noch um etwas vermehre, im dritten Jahre wieder abnehme, und erst am Ende des dritten und im vierten die alten Gäste, Moos, Heide u. s. w. sich wieder einfinden.

Wenn wir also sehen, daß diese Hungerländer, diese leichtesten und trockensten Enden der Feldmarken, im zweiten Jahre noch einen bessern Ansatz, von geringem Grase, nach dem Maße ihrer Eigenschaft, ansetzen; so folgt schon hieraus, daß diejenigen Felder, welche noch die sechs, neun und zwölfjährige Düngung haben, noch zwei Jahre nach einander bestellet werden können, und das dritte Jahr ruhen, in einem zweiten Ruhejahre mehr Gras haben müssen, als im ersten; weil sich der Boden noch mehr setzen, auch die Winde und die Sonne im zweiten Jahre noch weniger in den Boden eindringen, und ihn weniger ausdürren konnten, und daß der Landmann solchen Feldern noch dadurch leicht behülflich werden kann, wenn er sie im ersten Jahre, so lange es nöthig ist, mit dem Viehe verschonet, damit erst das Gras den Boden vor der Sonne und vor den trockenen Winden decken, und denselben dadurch, zu seinem eigenen Bedarf, feuchter erhalten könne.

Im dritten Jahre wird die Grasung auf solchen Feldern noch eben so gut seyn; weil die Erde im zweiten Jahre, durch die Berasung und Festigkeit des Bodens zugleich, feuchter erhalten wurde.

Im vierten Jahre kann die Grasung auf hohen und leichtern Feldern schon abnehmen. Sind sie aber nicht so hoch, leicht und mager, dann erst im fünften Jahre; im bessern, auch im niedrigen Boden im fünften, sechsten und siebenten Jahre.

§. 51.

Auch die Holsteiner haben einige Aecker von der zuerst gedachten trocknen und leichten Beschaffenheit. Sie können darin nur Buchweitzen, Rocken und Hafer säen, und sie bestellen diese Aecker entweder in solcher Ordnung, oder mit Buchweitzen, darauf Rocken, dann Hafer. Hierauf folget die Ruhe und die Weide. Oder sie bestellen: Buchweitzen, Rocken, Kartoffeln, Rocken, Weide erstes Jahr, Weide zweites Jahr, Weide drittes Jahr, und Weide viertes Jahr.

Man siehet, daß es ein leichter und sandiger Boden seyn müsse. — Bei diesem Acker nimmt auch im Holsteinischen der Graswuchs schon im vierten Jahre ab. Dann müssen sie ihn wieder aufbrechen, und sie haben solchen grandigen Acker, worin sich das Moos und das Heidekraut schon am vierten Jahresende zeiget. — Hier bringt die Kuh kaum vier Thaler, statt die besseren Ländereien der Geest zehn bis zwölf Thaler Pacht für eine Kuh abwerfen. — In der vortrefflichen Marschgegend bei Hamburg wird die Kuh zu 20 und mehrern Thalern verpachtet.

Dennoch bewirthschaften sie diesen leichten Boden in Koppeln, überzeugt, daß, wenn sie ihn nach der Einrichtung in drei Feldern bewirthschafteten, sie darauf noch weniger Getreide bauen, und fast gar kein Gras für das Vieh in der alsdann nur einjährigen Brache haben würden.

Aber von diesem so sehr schlechten Acker hat auch die Mark unter ihren gedüngt werdenden Ländern nur einen kleinen Theil. Ein Theil ist weniger leicht, und damit weniger dürre, ist ein Mittelboden. Ein kleinerer Theil ist Weitzenacker, außer der Wische in der Altmark und einem Theil der Ukermark, meistentheils von zweiter Klasse. Bei mehrerer Ruhe und bei mehrerm Dünger hat sie von dem Weitzenacker einen ziemlichen

Theil. Ein Theil ist zwar nur eine Mischung von Moorerde, etwas guter Erde und Sand; aber er liegt tief und feucht, am meisten in den Brüchern und in den Gegenden der Ströme und der kleinen Bäche, deren die Mark viele hat — Alles Land, worauf Theils vier, Theils fünf und Theils sechs Jahre nach einander ergiebiges Gras wachsen kann, und wo sich die Nutzung einer Kuh von fünf bis neun Thaler und darüber erwarten läßt, wenn es darnach angefangen wird.

§. 52.

Ein Acker, welcher nicht besonders feucht ist, trägt nicht so lange und so vieles Gras, als einer, welcher die Feuchtigkeit länger und mehr an sich hält.

Die Feuchtigkeit hält sich im Boden länger, wenn er nicht sehr hoch liegt, und nicht sehr sandig ist, und in dem hohen und leichten Boden wieder länger,

a) Wenn er durch Abwesenheit des Pfluges fester erhalten wird; alsdann kann die Luft und die Sonne nicht so sehr in den Boden selbst eindringen.

b) Wenn die zuletzt gesäete Saat eine solche ist, welche den Boden nicht auflockert, sondern, wornach er zur Grasung gute Narbe setzet.

Der Rocken thut dieses am besten. Daher bestellen auch die Holsteiner und Mecklenburger in leichtem Boden das letzte Jahr, mit dessen Aberntung die Koppel zur Weide übergehet, Rocken.

c) Je weniger der Boden den trocknen Stürmen, dem kalten Nordwinde und der heißen Sonne stark ausgesetzet ist.

Wegen dieser kalten Nordwinde, welchen die Insel Femern sehr ausgesetzet ist, zumal die Schläge dort nicht mit hohen Feldwällen und Bewachsung, sondern nur mit Steinen niedrig befriediget sind, ist dort die Grasung gegen den vortrefflichen Getreidebau unproportionirlich geringe.

Da diejenigen Plätze (Koppeln) worauf in der Koppelwirthschaft das Vieh weidet, beheget werden müssen; so machen die meisten Holsteiner die Befriedigungen von

hohen

hohen Erdwällen, und bepflanzen sie mit lebendigem Holze, wodurch die Schädlichkeit der Nordstürme und der unzeitige Frost gemindert, auch die zu starke Sonnenhitze geschwächt wird. Das Holz giebt überdies, schon durch die Bewegung seiner Zweige und Blätter, Kühle, und vermehret die nützliche Feuchtigkeit.

Durch Anlegung der Wälle kann auch der Abfluß des Wassers gehemmet werden, damit das Regen- und Schneewasser, während die Koppel Weide ist, nicht abfließe, sondern in den Boden eindringe.

Wenn man von einem hohen und leichten Acker zwei Stücke von gleicher Güte und von gleicher Höhe nimmt, das eine mit einem drei bis vier Fuß hohen Wall, das andere nicht befriediget; so wird man binnen wenigen Jahren und in der Folge noch mehr bemerken, wie so befriedigte Stücke mehreres Gras tragen und mehreres Getreide bringen, mehrere Feuchtigkeit halten, und sogar besserer Art geworden zu seyn scheinen, welches sie dann auch wirklich sind.

d) Außerdem giebt der Dünger dem hohen, zum natürlichen Graswuchse an sich nicht sehr geneigten Acker, Kräfte zur Vermehrung und Verlängerung des Grases.

Daß die wol unterhaltenen Aecker mehreres und besseres Gras geben, als schlecht im Dünger gehaltene Aecker, sehen wir schon auf der Brache in drei Feldern.

Die Holsteiner halten es daher so sehr für eine Nothwendigkeit, den Acker bei guten Kräften in die Grasung übergehen zu lassen, daß sie ihn lieber ein Jahr weniger mit Getreide bestellen. Sie rechnen darauf nicht nur die Ergiebigkeit und die längere Dauer der Grasung, sondern auch, daß solches, durch reichere Ernten beim Getreidebau, wieder mehr als bloß ersetzet werde.

Da der Acker nach und nach mehr Gras und Stroh giebt; so wird auch in eben der Art mehreres, dabei reichlicher gefüttertes und gut gestreuetes Vieh zur Düngung darauf gehalten werden, er also nach und nach immer mehr auch von dieser Seite zur guten Grasung, wie zum Getreidebau, in den Stand gesetzt und verbessert werden können.

§. 53.

Hieraus siehet man mit noch mehrerer Gewißheit, daß an und für sich zum Graswuchs nicht sehr geneigte, hohe, trockene und leichte Aecker, bei der Kopelwirthschaft, mehrere Grasung geben müssen, als bei der Wirthschaft in drei Feldern möglich ist, und zugleich, daß so wol durch die mehrere und zweckmäßigere Ruhe, als auch durch die hier nur mögliche bessere Beackerung und Düngung des Feldes, reichere Ernten an Getreide zu erwarten stehen müssen.

§. 54.

Noch mehr, und wenn Auktorität was gelten soll, so haben unsere Landesgesetze selbst schon längst diese Wahrheit anerkannt, wenn sie Constitutt. Brandenburg. pag. 863, im Jahre 1777 z. B. n. 3 in der Mittelmark, bei Haferland auf der schlechten Höhe von ungrasreichem Boden,

auf einen Winspel Aussaat
einjähriger Brache 1 Stück Rindvieh und 20 Schafe;
auf einen Winspel Aussaat
zweijähriger Brache 1⅔ Stück Rindvieh und 27 Schafe;

also ⅔tel Stück Rindvieh und 7 Schafe

mehr annehmen, wenn der Acker zwei Jahre nach einander zur Grasung liegen bleibt.

In etwas besserm Lande auf der Höhe, auch noch im Haferlande, rechnen sie zwei Drittel Stück Rindvieh und zehn Schafe mehr, als in drei Feldern, und dieses Plus des auf den Winspel Aussaat bei zweijähriger Brache zu rechnenden Viehes, steigt nach der Güte des Bodens.

Eben so berechnen sie den Getreideertrag in der Koppelwirthschaft um ein halbes, um drei Viertel und um ein ganzes Korn mehr, als bei der Wirthschaft in drei Feldern — Pag. 1056 dieser Konstitutionen ist unterm 18. December 1777 diesen Regulativen Gesetzeskraft gegeben und befohlen worden, die Landgüter darnach zu würdigen.

§. 55.

Viele Holsteinische Bauern vermehren und verbessern sich jetzt ihren Graswuchs noch dadurch, daß sie mit der letzten Saat Klee säen. Das zweite Jahr nützen sie ihn zur Heugewinnung, die übrigen Jahre zur Weide. — Die Einwohner auf Femern, deren schlechten Graswuchs ich angeführet habe, waren hierin ihre Lehrer.

So wirthschaften im Holsteinischen Bauern. — Noch mehr, sie fahren so gar auf sandige und schlechte Aecker bessere Erde. §. 47.

So weit kommt selbst der Bauer, wenn ihn nicht die Armuth erschlaffet, gleichgültig und träge macht. — Die Art seiner Wirthschaftsbestellung erhält ihn im Holsteinischen nicht so kümmerlich, um zufrieden zu seyn, daß er nothdürftigst seinen Acker seicht und in breite Furchen pflüge. Ihn nährt der Acker, und er hat ihn so wohlhabend gemacht, daß er die Mittel zur noch weiteren Verbesserung desselben, und zu noch stärkerer Vermehrung seines Einkommens, ergreifen kann.

§. 56.

Dieser Fleiß Holsteinischer Bauern veranlaßt mich, noch etwas

a) Von einem künstlich einfachen Dünger, und

b) Von dem Anbau einiger Grasgewächse zu sagen.

a) Von einem künstlich einfachen Dünger.

Dieser ist der Gyps. Er trägt vieles bei, den Acker feucht zu erhalten, die Kräfte der Erde zu zeitigen, und sie aus der Luft in die Erde zu ziehen.

Er ist besonders auf trockenen Feldern nützlich. Herr von Kleefeld sagt gerade hin: „Daß die mit Gyps gedüngten „Felder der Schädlichkeit der Dürre länger widerstehen, als „damit nicht gedüngte Felder, und er bedient sich desselben beim „Kleebau, außer dem Mist, alle sechs bis sieben Jahre auf „derselben Stelle.“

Der Gyps enthält eine salzartige Säure, und darnach stimmt der gemeldete Effekt mit den Grundsätzen derer, welche in einer Art Salzsäure die anziehende Kraft der Dinge setzen. Aber vielleicht haben wir einen Beweis der wirklichen, und nicht bloß nur mittelbaren düngenden Kraft des Gypses, wenn wir gute tragbare Erde, auch wenn wir Pflanzen auflösen, da wir dann in beiden Gyps finden. Daraus kann zugleich die Regel gebildet werden: Gyps und Kalk gebe man der Erde, welche davon nicht so viel als gute tragbare Erde enthält, und bestelle darauf zuerst solche Pflanzen, in welchen man, wenn sie vollkommen sind, vorzüglich viel Gyps und Kalk findet, z. E. Klee, Kohl, Erbsen, Rübsen rc.

Es ist bekannt, daß und wie der Gyps zur Düngung ungebrannt zu Mehl gestampft, und auf einen Morgen nur ein bis anderthalb Scheffel genommen werden dürfen.

b) Von dem Anbau einiger Grasgewächse.

1) Luzerne und Esparsette. Mit deren Anbau hat es nur wenigen geglückt; denn sie setzen voraus, gutes und tiefes Pflügen, oder Graben, Reinhaltung vom Unkraute und wiederholte Düngung.

2) Rother Spanischer Klee. Er kommt bei uns vortrefflich fort, wenn er auf guten oder Mittelacker mit Sommerung in tiefgepflügte, gedüngte, und von Quecken gereinigte Erde gesäet wird. — Im vierten Jahre gehet er ganz aus.

Man nützet ihn noch höher, indem man ihn das folgende Frühjahr mit einer hölzernen Egge beegget, und mit Gips bestreuet, auch nur dieses zweite Jahr, höchstens bis zu Johannis des dritten Jahres, nach seiner Aussaat unter die Sommerung, stehen läßt.

3) Der weiße Holländische Klee, zur Heuung nicht ganz so ergiebig, als der Spanische, nimmt mit geringerm Acker vorlieb. Er dauert in gutem und nicht zu trockenem Lande an zehn Jahre, und ist darin ergiebiger als im trocknen Boden, worin er auch nur fünf bis sechs Jahre dauert. Das Vieh gedeihet von ihm noch mehr, als von jenem. — Jener ist ergiebiger zur Heuwerbung; dieser vortheilhafter zur Weide.

4) Der rothe Bergklee (rother spitzblättriger Bergklee) und der weiße Bergklee nehmen mit trocknen und hohen Plätzen vorlieb. Ihre Nützung ist daher zwar lange nicht dem Spanischen und Holländischen Klee gleich; aber das Vieh frißt sie auf der Weide doch gern, und diese Kleearten sind eine leichte Vermehrung des Grases auf der Höhe. Sie dauern mehrere Jahre.

5) Der gelbe Wiesenklee, (gelber Katzenklee, gelber Hopfenklee) und der gestreckte gelbe Hopfenklee, auch der aufrechtstehende gelbe Hopfenklee wachsen auf hohem und trocknem Boden; besonders nimmt letzterer mit sandigem Erdreiche vorlieb, und ist dem Vieh nicht nur sehr angenehm, sondern auch zuträglich. Diese Arten dauern gewöhnlich nur ein Jahr.

Diese Kleearten, ad 4 & 5, wachsen bei uns auf trocknen Wiesen, auf Bergen und in den Forsten wild; niedrig, wenn sie ungesäet da stehen; höher, und reichhaltiger, wenn sie gesäet werden. Sie sind also der Mühe, da sie eine gute Weide geben, auf solchem Boden, worauf der Spanische und Holländische Klee nicht gebracht werden kann, allerdings werth.

6) Mariengras (Spergula arvensis) ein dem Vieh vorzüglich angenehmes und gedeihliches Gras. Es wächst auf der leichtern Höhe, wo kein Klee und kein anderes gutes Gras merklich gedeihen will, zu einer mähbaren Größe.

Dieses Gras kann gleich in die umgepflügete und geeggete Rockenstoppel gesäet werden. Da es schnell wächst und im zweiten Jahre nur noch zur Weide dienen kann; so wäre am besten, wenn man halb Mariengras und halb Honiggras zusammen säete, indem, wenn jenes aufhöret, dieses erst recht zu wachsen anfängt und lange dauert.

7) Honiggras ein zeitiges und dem Vieh angenehmes Gras, wächst auf jedem nicht zu nassen Boden, auch im trockenen Sande, und man kann ihn damit binden.

Das erste Jahr ist es so geringe zu sehen, daß man die

Saat für verloren halten möchte. Erst das zweite Jahr zeigt es sich in seinem großen Vortheile.

8) Französisches Raygras, ein zeitiges Gras. Es liebt zwar etwas feuchten und guten Boden, kommt aber auch auf der Höhe fort; nur ist es dort nicht so ergiebig, als im niedrigen Acker, wie alle Kräuter und Getreidearten, welche auf eine magere und dürre Höhe gesäet werden.

Wenn sich der Märkische Landmann bei der Koppelwirthschaft sein Heu vermehren will; so muß er auf die bessern Plätze der Sommerung, mit derselben, rothen Spanischen Klee säen.

Wenn er sich die Weide verzeitigen, verbessern und vermehren will; so muß er in die zur Weide übergehende Koppel, mit der Frühlingssaat, von denjenigen der gedachten Klee- und Grasarten säen, welche sich für den Acker am besten schicken.

Noch besser wird er thun, wenn er von diesen verschiedenen Gräsern zusammen säet.

Der Sicherheit und der Kostenersparung wegen müssen die Sämereien nur einmal gekauft, für die übrigen Jahre selbst angezogen werden.

Ein Morgen zur Saat stehender Klee läßt über 3000 Pfund erwarten, womit also à 8 Pfund 375 Morgen besäet werden können. Will man auch nur 300 Morgen annehmen; so sieht man dennoch, daß, zur Gewinnung vieler Saat, nur wenig Acker nöthig ist.

Ueberhaupt aber gehet hieraus mit hervor, wie leicht es dem Landmanne wird, seine natürliche Grasung allenthalben zu verbessern, wenn er den Acker nicht ein Jahr, sondern mehrere Jahre nach einander dazu liegen läßt. Es ist also gar nicht zu besorgen, daß die Koppelwirthschaft nicht sollte auf die Höhe der Mark Brandenburg mit Nutzen eingeführet werden können.

§. 57.

Wiederhohlung.

Der Acker in der Mark Brandenburg, bisher in drei Feldern bewirthschaftet, ist so beschaffen, daß er nur reiche Ernten erwarten läßt:

A. Wenn man ihn tüchtig pflüget,
B. Wenn man ihn mit der Saat recht bestellet, und
C. Wenn man ihn dabei auch reichlich dünget.

A. Der Acker muß tüchtig gepflüget werden.

Dieses geschiehet, wenn er das Brachjahr, nachdem die Sommerung abgebracht ist, vor Winters noch, (wenn er zähe ist, in schmale und seichte Furchen gepflüget und) tief gehakt wird, wenn man ihn im Frühjahre und gegen Johannis wieder haket, darauf ein- bis zweimal, je nachdem er mehr oder weniger zähe ist, pflüget; wenn auch die Winterstoppel, zu der darauf folgenden Sommerung, den Herbst vorher ein- bis zweimal gepflügt und gehaket wird.

Bei der Wirthschaft in drei Feldern geht dieses aber nicht an;

a) Weil es schon an sich zu viele Arbeit, zumal bei den Umständen der Wirthschaft in drei Feldern, seyn würde, in einem Jahre allen Acker gut zu pflügen, und zwar, bei und nach der Winterbestellung bis zum Frost, noch zwei Drittel der ganzen Feldmark;

b) Weil die Brache, in Ermangelung anderer zureichender Weide, bis Johannis, und wo keine besondere Weideplätze vorhanden sind, sogar bis zur Stoppel, zur Grasung liegen bleiben muß. Am meisten bleibt derjenige Theil der Brache am spätesten liegen, welcher das reichste Gras hat; weil man daraus Schonungen für das Zugvieh zu machen pflegt, und eben dieser Acker sollte doch, des Getreides wegen, zur Winterung allemal zuerst umgerissen werden.

c) Weil auch die Stoppel des Winterfeldes, bis in den späten Herbst, zur Weide gebraucht wird;

d) Weil alle diese Weide nicht zureicht, weder darauf das dann nöthige mehrere, oder doch tüchtigere Vieh zu halten, noch darauf, daß der verquekte Acker in tiefere und schmälere Furchen (eine schwerere und langsamere Arbeit) gepflüget werde;

e) Weil diese Umstände auch machen, daß der Pflug zu schnell auf einander folgen muß, als daß, von einer Pflügung bis zur folgenden, das Unkraut und die Graswurzeln gehörig in Gährung und Fäulniß kommen können.

B. Der Acker muß mit der Saat recht bestellet werden.

Wegen des vorhergehenden kann auch selbst die Saat nicht auf eine gute und vortheilhafte Art bestellet werden; nämlich diese Umstände gestatten nicht, daß man zeitig, und erst, wenn die Saatfurche gut abgetrocknet ist, säen kann; sie gestatten auch nicht, daß man im Frühjahre säen kann, ehe die Winterfruchtbarkeit größtentheils von Luft und Sonne ausgezogen ist. Denn, da man dieses Feld nicht den Herbst vorher schon gut pflügen kann; so muß man im Frühjahre, statt sonst ein einmaliges, höchstens ein zweimaliges, wegen des schon verfaulten Grases, schnell auf einander folgendes Pflügen hinreichend wäre, mehrmals auch in weiterem Abstande pflügen, und der Boden zu lange offen bleiben.

C. Der Acker muß reichlich gedünget werden.

Dieses geschiehet im geringsten Grade, wenn er auf den Morgen, zu dem Ertrage von höchstens drei Früchten, vier starke vierspännigte Fuder Mist erhält. Er müßte also in sechs Jahren, worin er vier Früchte trägt, wenigstens fünf und ein Drittel Fuder von solchem Mist auf den Morgen erhalten.

Aber die wenigsten Wirthe können ihm in sechs Jahren vier Fuder schlechten, mehrentheils langen Strohmist geben. Viele kommen mit der Düngung gar nur alle neun und zwölf Jahre herum;

a) Weil die Weide und die Wiesen nicht so viel Futter abwerfen, als zu einer dazu hinreichenden Viehzucht nöthig ist;

b) Weil auch das wenige Vieh, welches noch gehalten wird, zu zeitig auf die Weide getrieben, und zu spät im Jahre eingestallet werden muß, auch bei allem dem nicht einmal reichliches Sommer- und Winterfutter erhalten kann, und daher das, von den magern Aeckern gewonnene wenige Stroh (zumal bei der Betreibung der Wiesen im Frühjahr) größtentheils noch dazu verfüttert wird, statt es nur zur Streuung, zur Einhüllung des Urins und Pferchs, also zur Vermehrung des Mistes allein verwendet werden sollte — und es wird eben wegen des wenigen Düngers, und der dabei nur möglichen schlechten Beackerung nur weniges Stroh gewonnen.

Eins hängt von dem andern ab, und trägt zur Unvollkommenheit des andern bei, wie ein in die beste Ordnung gebrachtes System, in Summa zum schlechten Ertrage und zur allzugeringen Nutzung der Erde.

Um den Acker besser pflügen, düngen, auch die Saat auf eine gute Art bestellen zu können, muß daher mehreres und besseres Futter für das Vieh angeschafft werden.

Dazu können keinesweges, wie jedoch oft geschiehet, besonders wenn die Rede vom Ganzen ist, solche Mittel vorgeschlagen werden, welche schon gute Düngung, oder auch wol eine bessere Beackerung voraussetzen. Die Verbesserung kann also nicht mit mehrerer Mistung der Aecker, mit Düngung der Wiesen und Anger, und mit mehrerer Pflugarbeit gleich angefangen werden; sondern man muß solche Mittel vorschlagen, welche nicht gleich Anfangs eine stärkere, als bisher möglich gewesene Düngung, und nicht gleich mehrere Arbeit im Ganzen schlechterdings voraussetzen, aber doch zu mehrerem Dünger führen.

Diese Mittel sind:

Mehrere Ruhe des Akkers vom Getreidetragen, so wol überhaupt, als auch mehrere Ruhe von einzelnen Arten des Getreides, welche so anzulegen ist, daß dadurch zugleich mehrere Grasung entstehet, ohne deshalb besonders zu düngen.

Dieses wird bewirkt,

a) Dadurch, daß wenn der übrige Acker sonst nicht, ohne mehrere nicht bezwingbare Arbeit zu machen, gut bestellet werden kann, einige Jahre lang mehr Acker, als bisher, zur Ruhe und zur Weide geleget wird.

b) Dadurch, daß das Gras nicht abgefressen und zertreten wird, ehe es einmal recht hervorkommt;

c) Dadurch, daß es nicht schon wieder umgepflüget wird, ehe es sich noch recht bewurzeln und ausbreiten kann.

Man muß also den Acker nicht ein Jahr, sondern mehrere Jahre nach einander in Ruhe und zur Weide legen, und die Schläge einhegen. Dann kann man die Koppel, welche in Grasung kommt, das erste Jahr schonen, bis das Gras recht heraus ist; wenn eine Koppel aufgeweidet ist, kann man sie dann wieder schonen, bis das Gras wieder herangewachsen ist, und bis dahin eine andere mit dem Vieh betreiben.

Diese Ruhe ersetzt die fehlende Quantität des Düngers, so wol an und für sich, als auch dadurch, daß dann bessere und mehrere Grasung vorhanden ist, um mehreres Vieh halten zu können.

Diese Einrichtung befördert auch den Graswuchs noch dadurch, daß weder die trockenen Stürme, noch die zu große Sonnenhitze, noch der unzeitige Frost demselben, wegen der Befriedigungen durch hohe und Theils mit Holz bewachsene Wälle, so verderblich als sonst werden können, und daß dann das Wasser vom Regen und vom Schnee auf der Graskoppel aufgehalten werden kann, damit es nicht schnell abfließe, sondern in den Boden einziehe. Hier kann auch die Grasung noch dadurch leicht vermehrt, verbessert und verzeitiget werden,

d) Daß mit der letzten Saat eine solche Art guten Grases, oder Klees bestellet werde, welche sich für die Lage und Kräfte des Ackers schickt, nach und nach in einem solchen großen Maße, als es der Landmann zwingen kann.

Hier kann auch

e) Hinreichendes Winterfutter, ungeachtet die Wiesen nicht gleich vom Anfange an gedünget werden können, dadurch angeschafft werden, daß man von dem besseren Theil des Sommerfeldes, so viel man bedarf, mit unter die Sommersaat, mit Spanischem Klee besäet.

Wenn der Klee nicht unter fünf und sechs Jahre auf dieselbe Stelle wieder gesäet, nur bis zum zweiten Jahre, nach seiner Bestellung, genützet, darauf Getreide in diese Kleekoppel gesäet wird; so gedeihet die Saat, wie in frisch gedüngtem Acker. So bestellet, verlängert er also von selbst den Mist, vermehret ihn noch durch das kräftige Viehfutter, welches er giebt, als weshalb auch das Stroh nicht mehr so verfüttert werden darf, sondern mehr, nach und nach ganz, zur Streuung bleiben kann.

Dadurch, daß solcher Gestalt das Winter- und Sommerfutter vermehret wird, kann auch der Acker überhaupt, und besonders diejenige Koppel, welche aus der Ruhe zum Getreidebau übergeht, gehörig bearbeitet werden; weil so viel mehr unbearbeitet liegen bleibt, als die bessere Beackerung ausmacht, im Ganzen also nicht gleich mehrere Arbeit entstehet; weil man auch nicht von der sonst gewesenen Nothwendigkeit, das Feld über die Gebühr zur Weide liegen zu lassen, ferner abgehalten wird, da die Weide, worin das Gras länger als ein Jahr stehet, so reichhaltig ist, daß man auf die Nützung der Stoppelweide bis zum Froste zu sehen nicht so nöthig hat; eine zum Ackerbau wieder übergehende Weidekoppel auch nicht die ganze Weide, sondern nur ein Viertel, ein Fünftel, ein Sechstel der Weide enthält, und gleich wieder ersetzet wird.

Nur dann kann füglich gut geackert, gut gedüngt und recht gesäet werden.

B.

Wie muß sich der Landwirth, bei Einführung der Koppelwirthschaft in der Mark Brandenburg, nehmen?

§. 58.

Bei der Einführung der Koppelwirthschaft in der Mark Brandenburg hat der Staat zur Absicht, daß zu einem bestimmten Felde so vieles Vieh gehalten, und selbiges so gut gefüttert werden soll, als nöthig ist, den Acker, bei einer gegebenen Ruhe, zureichend mit Dünger zu versehen, ihn recht zu bearbeiten, und die Saat selbst gut zu bestellen, um mehreres Getreide, als bisher, zu gewinnen, und demnächst auch von der Viehzucht mehreren Nutzen zu ziehen. Jedoch soll die mehrere Nützung des Viehes nicht verursachen, daß deshalb weniger Getreide geerntet werde.

Der mehrere Getreideertrag ist demnach die Hauptabsicht; der mehrere Gewinn vom Vieh die Nebenabsicht.

Die Grade dieser beiden Endzwecke stimmen zugleich mit der Lage und mit dem Grunde und Boden der Märkischen Aecker. Es würde im Ganzen schwerer seyn, in der Mark die Viehzucht, als die Hauptabsicht durch die Koppelwirthschaft auszuführen; weil der Acker im Ganzen nicht sechs bis sieben Jahr nach einander, wie im Holsteinischen, zum Theil auch im Mecklenburgischen, sondern, wegen seiner hohen Lage und wegen seines vielen leichten Bodens, nur vier und fünf Jahre lang nützliche Grasung im Durchschnitte geben kann.

§. 59.

Wenn man demnach die Koppelwirthschaft in der Mark Brandenburg nützlich anlegen will; so wird zuförderst folgendes auszumitteln und in Erwägung zu ziehen seyn.

1) Wie viele Fuder Mist der Acker, nach seinem Umfange und nach seiner Beschaffenheit, auf die Bestellungsjahre, bei einer gegebenen Ruhe, bedürfe.

Ich habe in der Einleitung auf den bestellten Morgen jährlich ein und ein Drittel vierspännige Fuder guten Mist, als das geringste Quantum im Durchschnitt angenommen; nichts auf die Zeit, worin der Acker ruhet.

2) Wie viel Mist ein mittelmäßig gefüttertes Stück Vieh, bei der möglichen Streuung, geben kann.

Auf ganz gute Fütterung und ganz gute Streuung muß der Anschlag nicht lauten.

Ich habe in der Einleitung zu dieser Berechnung, statt der übrigen Vieharten, der Kürze wegen, Rindvieh angenommen, und daß ein Stück, mit der darauf zu rechnenden Zuzucht, acht Fuder machen kann. Ich habe den Mist vom Spannvieh, vom Schweine- und Federvieh darauf noch mit eingehen lassen, zum Theil auch auf die Düngung der Gärten gerechnet. Von hundert Schafen rechnet man, beim Ueberfluß an Heu und Stroh, hundert Fuder Mist; aber in drei Feldern, beim Heumangel, und wenn zehn Sechsunddreißigstel horden, nur siebzig Fuder. Es kommt sehr auf das gute Streuen an, um auch diese Fuderzahl sicher annehmen zu können.

3) Wie viel Stücke Vieh sich den Sommer hindurch auf einer bestimmten Morgenzahl Koppelweide, nach der Quantität des Ackers, in mehr trocknen als nassen Jahren ernähren können.

Auf nasse Jahre muß der Anschlag nicht lauten. Ich habe deshalb vier Morgen auf ein Stück Rindvieh gerechnet, und daß die Zuzucht und das kleine Vieh, oben eingehe. — An Schafen rechnet man zehn Stück auf eine Kuh.

Aber ein guter Wirth sollte dabei, so zeitig, als er nur Kräfte hat, mit der letzten Saat eine oder mehrere von denjenigen der angezeigten Klee- und Grasarten, welche sich für seinen Acker am besten schicken, mit bestellen. Wenn er die ersten Jahre auch nur die Hälfte der zur Weide übergehenden Koppel, also ein Achtzehntel, ein Zwanzigstel, ein Sechsundzwanzigstel und ein Dreißigstel, wenn er auch nur ein Drittel, also ein Siebenundzwanzigstel, ein Dreißigstel, ein Neununddreißigstel und ein Vierzigstel, seines gesammten Ackers damit bestellet, um sich die Weide damit zu verzeitigen, zu vermehren und zu verbessern. Wenn der Wirth in der Folge allemal eine halbe Koppel mit Grasungskräutern, die andere nicht bestellet; so hat die Erde davon auch den Vortheil, daß sie solche künstliche Grasung nicht zu oft trägt, und dieses scheint mir gut, wenn die künstliche Grasung allemal in weißem Klee besteht.

Eine so geringe jährliche Portion kann nun keinem beschwerlich seyn, zumal dazu keine besondere Beackerung, bloß das Aussäen nöthig ist, und der Same nur einmal gekauft, dann selbst gewonnen werden muß.

Dadurch kann die Viehzucht, ohne Abbruch der Quantität der Aussaat, noch ansehnlich erweitert werden; ja weil dadurch der Dünger noch mehr vermehret wird, so wird der Getreideertrag auch noch verbessert.

Ich nehme also nicht gleich zum Anfange jährlich ein ganzes Achtel des Feldes, wie diejenigen thun, welche die Wirthschaft in vier Feldern nebst der Stallfütterung vorschlagen.

4) Ob die Wiesen, bei mehr trocknen als nassen Jahren, auf die zur Düngung des Ackers zu haltende nöthige Zahl Vieh, vollkommen hinreichendes Heu geben, so daß man das Rindvieh vom 15. Oktober bis 15. Mai vollkommen hinreichend im Stall füttern, auch von dem Heu alljährlich etwas erübrigen kann, um, zu Deckung eines Mißwachses, sich nach und nach einen eisernen Bestand, wenigstens von der Hälfte eines einjährigen Bedarfs, anzulegen.

Das fehlende muß der Kleebau ersetzen, ja, er sollte noch so viel mehr abwerfen, daß die Pferde davon im Sommer, das Rindvieh in der Grasungszeit des Morgens und Abends, grünes Futter im Stall erhalten könnten; jenes um Getreide zu ersparen, dieses, um das Vieh nicht zu zeitig und nicht zu spät am Tage auf der Grasung zu lassen, auch nicht in sehr nassen und kalten Tagen, um sich vor der Viehseuche zu sichern, und von den Kühen desto größern Gewinn zu haben, auch den Dünger noch durch diesen längern Aufenthalt im Stalle, bei fettem Futter, zu vermehren. — Man findet solches zwar im Holsteinischen keinesweges allgemein; aber gute Brandenburgsche Wirthe werden mit der Zeit hierauf gewiß merken, und man wird sie daran vorzüglich mit erkennen. Der Klee wird auf die zuerst tief gepflügten, von Quecken und anderm Unkraute rein gearbeiteten besten und gedüngten Stücken in die Sommerung gesäet. Soll er zugleich auch dem Acker vortheilhaft seyn; so wird er das zweite Jahr zur Herbstsaat wieder umgepflügt, nachdem er, nach den Abmähungen, sieben bis acht Zoll wieder herangewachsen ist. — Ich würde aber, wenn die Pferde und die

Kühe nicht anders grünen Klee im Stall, in der oben angezeigten Art, erhalten können, dennoch lieber den Klee drei Jahre stehen lassen, als ersteres unterlassen, und lieber dagegen die Weide nur drei statt viere, nur viere statt fünf Jahre, liegen lassen, wenn auf einem einzelnen Gute nicht Nebenumstände ein anderes nützlicher machen. Z. E. so würde es unrecht seyn, wenn man auf solchem Boden, welcher sich spät stark beraset, und erst im dritten und vierten Jahre die beste Grasung giebt, die Weide schon in solchem Jahre aufbrechen wollte. Hier würde die Eintheilung in funfzehn Schlägen nützlich seyn. — Reicht der zum Spanischen Kleebau schickliche Acker nicht zu dem Bedarf; so wird in den, nach ihm noch vorhandenen besten Acker, Mariengras gesäet, wodurch die Aussaat nicht verringert wird.

Ferner ist bei Anlegung einer Koppelwirthschaft noch in Bedacht zu nehmen:

5) Daß die Eintheilung so zu machen, damit man, so viel von Menschen abhängt, jährlich gleiche Ernten, gleich viel Sommer- und Winterfutter, und gleich viele Arbeit habe. Bei der Wirthschaft in drei Feldern ist ein Feld gewöhnlich groß, das andere klein, das dritte noch kleiner. Oft hat eins allein den guten Acker, das andere allein, oder doch nicht in gleicher Portion, den schlechten, eins allein den hohen, das andere den tiefen Acker.

Diese Unvollkommenheit ist aber von keinem geringen Belange; denn nicht nur, daß in einem Jahre mehr, im andern weniger, in einem schwerer, im andern leichter zu arbeiten ist, wo dann das Zugvieh nicht reicht, diejenigen Jahre, worin die mehrere und schwerere Arbeit fällt, den Acker gehörig und zeitig genug zu bestellen, und nicht nur, daß sich die jährlichen Einkünfte, dann nicht einander gleich erwarten lassen, fühlt auch der Landmann die Mißernten stärker und öfter, als wenn die Felder gleich groß, gleich gut, und gleich schlecht sind. Z. E. ist ein Feld ganz, oder größten Theils niedrig, so kann er in sehr nassen Jahren alles verlieren; ist ein anderes Feld ganz, oder größten Theils hoch, so kann er wieder in sehr dürren Jahren alles verlieren.

Diese schädlichen Umstände können bei der Wirthschaft in drei Feldern nicht vermieden werden; am wenigsten da, wo die Kommünen, diese eiserne Ruthe für den besseren Ackerbau, noch ihr Unwesen treiben.

Der Landmann, welcher die Koppelwirthschaft einführen will, muß also die Schläge so eintheilen, daß sie sich an Größe, Lage, und innerer Güte, so viel möglich, einander gleich sind, daß jede Koppel gleich viel guten, schlechten, hohen und niedrigen Acker erhält. Wo solches nicht möglich zu machen ist; da ist nöthig, daß die Koppel vom merklich schlechtern Acker größer, als die vom merklich bessern angeleget werde; aber am vortheilhaftesten ist, daß außer den Hauptschlägen Nebenschläge, und zwar von dem besten Acker gemacht werden; welche die Bonität des bestimmten einen und andern Schlages, wie auch ihre Größe, ergänzen, also mit ihren Hauptschlägen gleich bewirthschaftet werden.

Wäre aber der Acker einer großen Feldmark in der Grasung und der sonstigen Güte des Bodens so verschieden, daß ein Viertel, ein Drittel, oder wol die Hälfte mit Erbsen, Weitzen, Rübsen zu bestellen wäre, und fünf Jahre gute Grasung gewährte; der übrige aber könnte nur mit Buchweitzen, Rocken, Hafer, allenfalls auch mit kleiner Gerste bestellet werden, und bestände dabei nur vier Jahre in mittelmäßiger Grasung; so ist am besten, diese verschiedenen Aecker auch verschieden, jenen Theil in dreizehn bis funfzehn, diesen in neun bis zehn Schläge zu bewirthschaften.

6) Ob der Acker so beschaffen ist, daß er nur vier Jahre, oder fünf bis sechs Jahre gutes Gras giebt.

Dar-

Darnach ist eine Koppel, nach dem Getreidetragen, vier, fünf, oder sechs Jahre lang in Ruhe zu legen.

Es ist dem Landmanne nützlicher, eher wenigere, als mehrere Jahre zur Grasung und Ruhe zu wählen. Er würde unbedachtsam und unwirthlich handeln, wenn er die Weidekoppel das Jahr über noch zur Grasung liegen lassen wollte, worin sie schon merklich abzunehmen pflegt; denn er würde dadurch an der Getreideaussaat verlieren, ohne daß ihn die schlecht gewordene Weide dafür entschädigte, und er erschwerete sich die künftige Beackerung, ohne daß die Aecker merklich mehrere Kräfte gewonnen hätten.

Dagegen muß aber auch, besonders bei dem Acker, welcher sich etwas spät beraset, die Weide nicht schon aufgebrochen werden, wenn das Gras noch sehr voll wächst. Nach der Dauer des Grases kann man auch die Jahre des Getreidetragens füglich festsetzen. Hält ein Acker nur vier Jahre Gras; so kann er gewöhnlich auch nur, bei jährlich ein und ein Drittel Fuder Mist, fünf bis sechs Jahre nach einander, inklusive ein Jahr Klee, reichliche Kornernten erwarten lassen. Hält er fünf und sechs Jahre Gras; so kann er, inklusive ein Jahr Klee, und bei gehöriger Abwechselung der Früchte, acht bis zehn Jahre nach einander mit Getreide bestellet werden.

7) Daß bei je bessern Kräften der Acker zur Weide übergehet, er auch desto bessere Grasung giebt; je bessere Grasung er giebt, ihm die Ruhe desto mehr bekomme, und ihm der Pferch von dem Viehe nützlich werde.

Auch ist zu erwägen,

8) Daß das Feld, nach Verlauf von mehrern Jahren, durch die gehabte zuträgliche Ruhe, und durch den erhaltenen mehrern Mist, überhaupt durch diese bessere Wirthschaft, in bessern Stand kommen kann, wodurch die Weide, jetzt von vierjähriger Dauer, in der Folge wol mit Nutzen auf eine fünfjährige gebracht werden kann, und daß sich darnach künftig auch die Jahre des Getreidetragens hinter ein-

ander, bis zur Ruhezeit, richten können; daß man also in der Folge wol vortheilhafter finden könne, in neun und zehn Schläge getheilten Acker, in dreizehn u. s. w. Schläge, oder den besten Theil der Feldmark wol in vier Feldern zu bewirthschaften.

Deshalb mag man die innere Befriedigungen der Koppeln, nämlich diejenigen, welche eine Koppel von der andern scheiden, Anfangs nur so machen, daß das Vieh das Getreide nicht verletzen kann; die bessern und stärkern inneren Befriedigungen aber, welche mehr kosten, weiter hinaus setzen.

9) Daß sich außerdem die Zahl der Schläge auch nach der Größe des Akkers richten muß, damit die Koppeln nicht zu klein werden, und von diesem kleinen Gute nicht unproportionirlich viel zu den Befriedigungen abgehe.

Unter zwanzig bis vier und zwanzig Morgen würde ich keine Koppel gern gestatten. — Ich würde daher auch bei denen kleinen Bauern- und Kossäten-Gütern, bei welchen die Koppeln zu klein werden würden, anrathen, bei diesen lieber zwei, oder drei solche Höfe in eine Kommüne zu legen; jedoch mit der Bestimmung, daß jedem frei stehe, seinen Acker, wenn er ihn dereinst alljährlich, oder in vier Feldern, bei der Stallfütterung, bestellen will, dazu behegen, auch wieder in die Kommüne gehen zu dürfen, wenn er wieder nach dieser Koppelwirthschaft bestellen will, damit er von einer zu versuchenden noch bessern Wirthschaftsart nicht abgeschreckt werde, und sie nicht für ein gefährlich werden könnendes, nicht wieder zurück zu nehmendes Wagestück halte.

Bei solchen Kommünen würde dann Gesetz seyn: Daß keiner in die Koppel der Winterung später reifende Sommerung bringe, damit die Stoppel noch mit dem Vieh, vor dem Umpflügen, genützet werden könne; daß auch keiner zur letzten Bestellung, worauf die Koppel Weide wird, Kartoffeln, oder Kohlfrüchte bringe; weil sich der Acker darnach sehr beraset.

10) Die beste Form der Koppeln ist das Quadrat. Müssen sie aber lang, und dagegen sehr schmal seyn; so sind die innern Befriedigungen nicht zu hoch anzulegen, auch nicht zu stark zu bepflanzen, damit sie nicht, bis zum Schaden des Getreidebaues, Schatten geben, und nicht die für denselben nöthige Luft nehmen.

Wird dem Getreide zu viel Schatten gemacht, und die nöthige Luft benommen, so wächst es wohl ergiebig im Stroh, aber nicht im Scheffel. Ganz nahe von dicken Wäldern und von hohen Bergen umschlossene Felder beweisen solches. Statt der Beispiele führe ich an, daß nach dem Taxationsreglement darauf auch Rücksicht genommen, und darnach der Ertrag geringer geschätzet werden soll.

Es muß hierbei auf die Lage des Feldes mit gesehen werden. Liegt dasselbe hoch und frei; so können, bei schmalen Koppeln, die Seitenbefriedigungen höhere Wälle und stärkere Bepflanzungen erhalten, als wenn das Feld, wie in einem Kessel liegt.

Jene innern Befriedigungen etwas hoch zu machen, wird bei schmalen Koppeln nöthig und sehr nützlich, wenn der Acker, bei der hohen und freien Lage, leichten und sandigen Boden hat, um ihm Kühlung zu geben. Ich habe §. 52. c) gesagt: Diese Befriedigungswälle sollten beitragen, den leichten Boden grasreicher und wie von besserer Art zu machen, indem er dadurch der ihm besonders schädlichen zu starken Sonnenhitze entzogen, vor der ganzen Stärke der unzeitigen Kälte etwas geschützet wird, und ihm das selten zu viel empfangene Regen- und Schneewasser, während er zur Weide bestimmt ist, nicht abfließt, sondern alles in ihn einziehet.

Ich würde daher schon den Wirthen in drei Feldern rathen, besonders den hohen und leichten Acker mit Wällen, in Entfernungen von acht bis sechzehn Ruthen der Breite nach, zu versehen, von der Nordseite aber die

Feldmark, bei Acker aller Art, mit hohen Wällen und mit lebendigem Holze zu behegen.

11) Da der Mangel des klaren und zureichenden Wassers, zur Tränkung des Viehes auf der Weide, die Nützung des Viehes nicht nur herabsetzet, sondern auch Krankheiten und Seuchen verursacht, wie dieser Mangel des Wassers so wol, als auch der Hunger auf der Brache in drei Feldern, oft Seuchen veranlaßt haben; so ist zu bedenken, wo dem Vieh am bequemsten zureichendes klares Wasser auf der Weide zu schaffen sey.

Darnach muß sich allenfalls die Form der Koppel mitrichten, damit das Vieh bequem und am nächsten zum See, Teich, Bach, oder zu den gemachten Tränken kommen könne.

Oft kommt aus einem Hügel des Feldes, oder aus einem vom Acker nicht entfernt liegenden Hügel eine Quelle, welche, mittelst der Gräben der Koppeln, zu dem Endzwecke geleitet werden kann.

Oft ist die Quelle auf dem Acker selbst, und darf nur weiter ausgegraben werden, welches schon der Getreidebau nöthig macht.

In beiden Fällen ist zugleich die Gelegenheit da, die Tränken zu Fischteichen einzurichten.

Wäre zureichendes und klares Wasser nicht anders, als durch eine oder mehrere Pumpen zu haben; so wird das Vieh diese geringen Kosten vielfach ersetzen. Dabei sind dann Tränktröge nöthig.

Ein Brunnen, welcher nicht sehr tief gegraben werden darf, kann, statt der Ausschürzung mit Bauholz, oder der Ausmauerung mit Feld- und Ziegelsteinen, mit zwei auf einander gesetzten Tonnen ausgefüttert werden. Man kann ihn auch mit Stangen von Ellern aussetzen, welche so gelegt werden, daß sie allemal einen Raum von einem oder fünf Viertel Quadratfuß einschließen. Dazwischen wird Werst, oder Gesträuch von Ellern gelegt, damit die

Erde nicht in den Brunnen krümele. Ein solcher Brunnen kann also nicht kostbar werden.

12) Der Anger, (die Maschweide) muß, wegen des von ihm gesagten Nachlasses der Grasung, wenn er beständig Gras trägt, in den Schlägen des Ackerfeldes mit verbunden, und ihnen gleich bewirthschaftet werden.

Ist der Anger, wie es selten der Fall seyn wird, von der Größe, daß er allein in eignen Koppeln bewirthschaftet werden kann, und ist zugleich sein Boden natürlich weit besser, als der übrige Acker; so kann er in eigene, ihm angemessene Schläge geleget, und besonders bewirthschaftet werden. Er muß sich aber nach den Schlägen des eigentlichen und großen Feldes so fern richten, daß im Ganzen nicht eine Verschiedenheit einer mehrern, oder wenigern Aussaat einer oder der andern Getreideart, in einem Jahre entstehe; denn es ist vortheilhaft, gleichlaufende Revenüen zu erwarten.

Der Anger kann auch die Nebenschläge ausmachen, wenn er dazu bequem ist, und diese nöthig sind.

Die erste Beackerung solcher Anger ist schwer. Man markirt daher gleich Anfangs bei der Eintheilung nur ihre künftigen Abtheilungen, und pflügt davon, wenn die Weidekoppeln anfangen grasreich zu werden, und wie sie ihn nach und nach entbehrlich machen, jährlich so viel um, als man davon an der Weidung entbehren, und dabei gut beackern kann.

Von der ersten guten Beackerung hängt der Reichthum aller folgenden Saaten ganz besonders mit ab. — Dieses lasse man sich auch vor dem Aufbruche einer vier und fünf Jahre geruheten Koppel gesagt seyn.

Ein solches gewähltes Stück Anger wird, wenn er etwas feucht ist, zum erstenmal nur zwei bis zwei und einen halben Zoll tief in schmale Furchen gepflügt, damit das Vieh nicht entkräftet werde, und damit die Wurzeln desto mehr durchschnitten werden, auch wenn sie mit weniger Erde bedeckt sind, sammt dem Rasen zeitig genug faulen können.

Ist dieses geschehen, so wird er in schräger, oder in entgegengesetzter Richtung, vier bis fünf Zoll, läßt er sich zwingen, und kommt man nicht auf Kies, gleich sechs bis acht Zoll tief gehakt. Geschiehet solches im Herbste; so läßt man ihn den Winter über so offen liegen. So bald Zeit und Witterung im Frühjahr es gestatten, wird er noch einmal, in anderer Richtung, sechs bis acht Zoll tief gehaket. Vor Johannis noch einmal, nach Johannis wird er zweimal, inklusive zur Saat, gepflügt, und wenn er Rübsen tragen soll, zugleich gedünget. In den folgenden Jahren bedarf er der Beackerung nur in der Art, wie sie den alten Aeckern gegeben wird.

Wenn man sich sicher darauf verlassen kann, daß er gehörig mürbe gemacht worden ist; so kann man ihn, wenn sich der Boden, wie gewöhnlich, dazu schicket, das erste Jahr mit Rübsen, Weitzen, Gerste bestellen; sonst mit Erbsen, Buchweitzen, Hafer, Kartoffeln, Kohlrüben u. s. w.

Wenn diese gut und mürbe gearbeiteten Anger gleich Anfangs in dünglichem Stande gehalten, und mit Abwechselung der Getreidearten, (nicht immer Rocken, Gerste; Rocken, Gerste,) bestellet werden; so werden sie fürs erste den besten Acker ausmachen, und den reichlichsten Nutzen abwerfen.

Diesen Anger gleich Anfangs mit einemmale unter Pflug zu bringen, ist auch schon deshalb, wenn man es auch mit der Arbeit auf einzelnen Gütern zwingen könnte, nicht räthlich; weil sich dann die Weidekoppeln noch nicht genug beraset haben möchten, um ihn ganz von der Weide entbehren zn können. Wo die Weide im Frühjahre am ersten entbehret werden muß, das sind die Wiesen.

Man gehe daher auch hier immer nach seinen Kräften, damit man nicht die Sache selbst ungerecht tadele, wo die

Schuld in andern Dingen, und im unrichtigen Verfahren liegt.

15) Außerdem ist die Art der Befriedigungen ein Gegenstand, welcher bedacht werden muß.

Die Befriedigungen müssen dem Getreidebau nicht nachtheilig werden.

Sie müssen von dem Acker, vorzüglich von dem besseren, so wenig als möglich hinnehmen. Daher mache man die Gräben so schmal und so tief, die Wälle so schmal und so hoch, als es die Haltung des Erdreichs, und der dabei mit beabsichtigte Abzug des Feldwassers, auch sonst besondere Absichten nur gestatten. — Zu den Befriedigungen vor dem Vieh wird ein solcher Graben allein hinreichen.

Die Bepflanzung dient besonders zur Abhaltung der Stürme und der zu starken Sonnenhitze. — Wo nicht auf Abfluß des Feldwassers besonders mit gesehen wird, da kann die Pflanzung in dem Graben stehen, wenn er von der ausgeworfenen oberen Erde, bis auf einen Fuß, wieder gefüllet, die übrige Erde auf eine, oder auf beide Seiten schmal und hoch geworfen wird.

Bei dem schlechten Acker, worunter ich einen hohen und zugleich sehr leichten Boden verstehe, kommt es mit darauf an, ob man durch die Befriedigungen zugleich vieles Holz gewinnen will. Es ist solches da an zu rathen, wo die schlechtesten Stellen sind, besonders aber an den äußersten Gränzen der Feldmark. Hohe Befriedigungen sind auf solchem Boden schon zum Schutze vor der zu starken Sonnenhitze und vor den kalten Stürmen nöthig. — Man mache hier zwei Gräben, zur Abhaltung des Viehes, schließe darin einen eine Ruthe breiten Acker ein, oder so viel man will, und bepflanze ihn mit dem nützlichsten Holze. Oder man pflanze in den, wieder einen Fuß hoch gefüllten Graben, oder man mache einen Wall, und bepflanze denselben.

Da ein Wirth das ihm anvertrauete Erdreich aller Art so gut als nur möglich nützen muß; so wird bei der Bepflanzung der Befriedigungen darauf zu sehen seyn, daß sie auch fortkomme und den Zweck erreiche. — Alle bemooste und kränkliche Stämme aus den Wäldern werden schlechtes Gedeihen haben. Diejenigen, welche im Walde eine gute Bedeckung haben, werden im Freien leiden. Nicht alles Holz wächst auf jedem Boden gern; nicht alles Holz wächst gleich schnell. Einiges Holz bleibt strauchartig, anderes kann dazu gezogen werden, noch anderes wächst lieber zu hohen Bäumen.

Da, wo es nicht auf Deckung vor Sturm und Frost ankömmt, und wo der starke Schatten schädlich ist, würde ich Obstbäume anrathen, und sie nicht hoch ins Holz wachsen lassen. Ich würde lieber solche Obstbäume beisammen setzen, deren Früchte zugleicher Zeit reifen, der Bewachung wegen.

Von nützlichem andern Holze wachsen schnell und lassen sich zu Hecken anwenden:

a) Im leichten, im mitteln und schweren, im trockenen und feuchten, nur nicht nassen, Boden.

1) **Der Akazien-Baum mit weißer Blüthe.**

Er schickt sich zu nützlichen und schnellen Befriedigungen der Aecker fast am besten. Er wächst auf jedem nicht zu nassen Boden. Er hält schon im dritten Jahre mit seinen Stacheln das Vieh vollkommen ab, giebt ein angenehmes Ansehn, kann alle sechs Jahre als Buschholz gehauen werden, wächst geschwinder als die Birke, im funfzehnten Jahre ist sein, zum Baum gezogener Stamm oft zwölf Zoll und darüber im Durchmesser. Er giebt Bau- und Nutzholz. In der Plantage der verwittweten Königinn Majestät bei Schönhausen sieht man davon im Sandlande des Kienbaums, statt eines hölzernen Zauns, eine schöne Hecke. Im feuchten Boden würde er auf den Wall, im sandigen Boden in den angezeigter maßen halb gefüllten Graben des Frühjahres, nicht im Herbste, weil er sonst erfrieret, zu pflanzen und die übrige Erde auf diejenige Seite zu werfen seyn, von welcher der meiste Sturm und die meiste Kälte kommt. — Im feuchten Boden würde er zu schnell zum Baum in die Höhe gehen, als daß er lange eine gartenmäßige Hecke bliebe. Aber zu der Absicht der Befriedigungen der Aecker ist er auch hier, vorgeschriebener maßen, anzuwenden und desto öfter abzuholzen.

Man säet die Akazienerbsen in solchen Boden, der demjenigen gleich ist, worin künftig die Stämme verpflanzet werden sollen. Man versetzet die Pflanzen, wenn sie ein Jahr alt sind. Man bringt sie im dritten Jahre zu ihrer Bestimmung, nachdem sie stark beschnitten worden. — Kürzer, man säet sie gleich auf den Ort ihrer Bestimmung einen bis anderthalb Fuß aus einander, hält das erste Jahr das Kraut, wenigstens einen Fuß breit, von der Pflanze ab, behacket die Erde so weit, und schneidet die Stämme im dritten Jahre hart an der Erde schräge ab. — Auf freistehenden Wällen gesäet, werden die jungen Pflanzen vom Frost leiden. Hier ist also die Pflanzung sicherer, und daß man dazu nicht die Krone, sondern die Mitte, wenn es angeht, den Fuß des Walles nehme. Fast möchte ich zu den Befriedigungen der Aecker kein anderes Holz, als diese in aller Absicht so vortreffliche Akazie hier anzeigen. —

Sonst sind noch von schnellem Wuchse und geben in solchem Boden feste Befriedigungen,

2) **Der Berberitzenstrauch.**

3) Der große und der glänzende Nordamerikanische, auch der gemeine Weißdorn. Jene haben längere Stacheln und wachsen schneller.

Diese Gesträuche verhalten sich mit dem Berberitzenstrauch, in Absicht des feuchten und des trockenen Bodens, wie die Akazie, nur daß sie Sträuche bleiben.

b) In feuchtem Boden.

1) Die Weiden.

Die gelbe Bandweide,
Die rothe Bandweide,
Die Korbweide,
Die Saalweide.

2) Die Eller.

3) Die Bruchbirke.

Sonst werden noch zu den Befriedigungen, im guten und im mitteln Boden, Rüstern, Büchen, Ahorne u. s. w. angewendet.

Eine genaue und sichere Anweisung zu Hecken und zu andern Holzpflanzungen auf jeden Boden, findet man in: von Burgsdorfs Anleitung zur sichern Erziehung und zweckmäßen Anpflanzung der einheimischen und fremden Holzarten.

Eigentlich sollte, in unsern holzbedürftigen Zeiten, auch jeder Landmann dieses Buch haben.

§. 60.

Dieses möchten die allgemeinen Regeln seyn, welche bei Anlegung einer Koppelwirthschaft beobachtet werden müssen. Die besonderen sind denen einer jeden guten Bestellungsart gleich, wovon bereits verschiedene angeführet sind, und in der Folge noch mit vorkommen werden.

§. 61.

Ich will nun angeben, wie der Landmann in der Mark seine dreischlägigen Felder in Koppeln zu legen haben möchte, und zwar

A. in neun Schläge oder Koppeln,
B. in zehn Schläge, und
C. in dreizehn Schläge.

Eine Eintheilung in funfzehn Schläge enthält die Einleitung.

§. 62.

A. Eintheilung eines Feldes in neun Schläge.

Um angeben zu können, wie der Landmann sein Feld aus der Bewirthschaftung von drei Feldern in diese Schläge legen könne, ohne in den ersten Jahren, wo er von einem Morgen noch nicht merklich mehr, als bisher, ernten möchte, die Aussaat besonders zu verkürzen, ist nöthig dazu eine bestimmte Feldmark anzunehmen. — Sie enthalte vierhundert Morgen. Davon sollen dreihundert und zwanzig Morgen alle neun Jahre, mit vier Fudern Mist pro Morgen, die übrigen achtzig Morgen Hinterland aber nie gedünget, dagegen in neun Jahren auch nur einmal bestellet worden seyn.

Es wurden also jährlich, exklusive für den Garten, zu sechs und dreißig Morgen Acker hundert und vier und vierzig Fuder Mist gemacht, wovon man funfzehn Morgen im Herbste, ein und zwanzig Morgen im Frühjahre gedünget hatte.

Weideanger, Marschweide, sollen nicht vorhanden seyn. — An Wiesen seyen ein und zwanzig Morgen zu vierzehn Fudern Heu, à zwanzig Zentner da, welches Heu die Pferde, die Schafe und das junge Vieh erhielten.

Das Feld liege im Ganzen auf der Höhe, also mehr trocken als feucht. Hundert Morgen seyen Gerstenland zweiter Klasse, hundert Morgen erstes Haferland, hundert und zwanzig Morgen zweites Haferland, achtzig Morgen neunjähriges Land.

Bei diesen schlechten Umständen werden, um sicher zu gehen, wenn erst, durch bessere Schonung und Berasung, mehreres Gras vorhanden seyn wird, vier Morgen als die geringhaltigste Koppelweide pro Stück Rindvieh, nebst für die darauf zu rechnende Zuzucht gegeben.

Denn da die Rede vom Ganzen ist; so kann ich nicht voraussetzen, daß sich jeder Wirth die Grasung, durch Bestellung der gedachten magern Kleearten, und des Honiggrases, verzeitigen und verbessern werde.

Ich will aber bei den Schlägen anführen, daß mit fünf Morgen der Anfang gemacht, und nach und nach, wie billig zu erwarten stehet, damit weiter gegangen werde.

Aber rother Spanischer Klee, und wo dieser die ersten Jahre, wegen der schlechten und überdies magern Beschaffenheit des Bodens, nicht zureichend gesäet werden kann, Mariengras, muß schlechterdings in der zweiten Saat gesäet werden.

Denn dieser Acker muß in der ersten Zeit noch das dritte Jahr vom Getreidetragen ruhen, wie in drei Feldern, bis der Dünger vermehrt, und die Arbeit durchaus verbessert werden kann; und das geschiehet durch den Klee, wenn er nicht länger als das zweite Jahr stehen bleibt. Oder der Wirth müßte dem Acker die Ruhe der gewöhnlichen Brache in drei Feldern, also die Ruhe ohne allen Nutzen geben wollen. — Das hieße aber die Schande weit treiben, da es nur ein Neuntel des ganzen Ackers ist, und wenn der ärmste die ersten zwei und drei Jahre auch nur ein Drittel einer solchen Koppel, also ein Sieben und zwanzigstel mit Klee bestellet.

Diese Feldmark von den magersten Umständen, kann die ersten zehn, funfzehn bis achtzehn Jahre, nachdem sie einen fleißigen Wirth hat, nicht über vier Jahre zum Grastragen, zwei Jahre zum Getreide, darauf ein Jahr zur Ruhe, mittelst dem Kleebaue und dem Mariengrase, darauf wieder zwei Jahre zu Getreide sicher verwendet werden. Sie muß also die ersten neun Jahre in neun Schläge, oder in eine dieser ähnlichen Abtheilung gelegt werden.

Jede Koppel wird, nach Abzug von vier Morgen, welche auf die Befriedigungen zu rechnen sind, in neun Schlägen, vier und vierzig Morgen enthalten.

Nach der angegebenen Qualität dieses Ackers wird die Bestellung seyn:

a) entweder:

Rocken, dann Hafer und etwas Gerste (beides mit Klee), Klee, Buchweitzen, Rocken, Weide erstes, Weide zweites, Weide drittes, Weide viertes Jahr.

b) Oder:

Buchweitzen, Rocken, Hafer und etwas Gerste (worin Klee) Klee, Rocken, Weide, Weide, Weide, Weide.

Rocken muß die Koppel solcher leichten Felder zur letzten Saat erhalten, damit zur Grasung gute Narbe entstehe. — Es wäre denn, daß gute Wirthe, zur Verzeitigung und Verbesserung der Grasung, mit der letzten Saat in jeder Koppel weißen Klee, Honiggras, oder eine von den, auf die Beschaffenheit des

Bodens sich sonst schickenden Klee- und Grasarten mit säen wollen; alsdann kann auch dieser Boden zur letzten Saat Sommerung erhalten. — Im folgenden Frühjahre ist dabei, nach der Aussaat, die Walze nöthig, welche auch dem Getreide, besonders dem Sommergetreide, in jedem Boden nützlich ist. Die Eintheilung könnte dann etwa werden:

c) Rocken, Gerste u. Hafer, } Klee, Rocken,

Hafer und Buchweitzen, worunter Gras- und Kleesämereien. } Weide, Weide, Weide, Weide.

Da man, besonders in mageren und trockenen Feldern, vom unmittelbar nach Hafer gesäeten Rocken nicht gute Ernten erwartet, man auch vom Klee, wenn er im Frühjahre auf die Rockenpflanzen gesäet wird, nicht so reiche Ernten erwarten will, als wenn er mit der Sommerung bestellet worden, dem Acker aber vorerst, und bis er besser gedüngt, auch besser bearbeitet worden, nicht nach einander drei Bestellungen anzuvertrauen sind; so wird Anfangs die Bestellung nach a) geschehen müssen, obgleich die vierte Weidekoppel dann sehr zeitig aufgebrochen werden muß. So bald der Acker einigermaßen in den Stand kommt, ist also die Bestellung nach b) vortheilhafter; am vortheilhaftesten aber die nach c), wornach nämlich zur Verbesserund der Weide, unter die letzte Saat Klee und andere Grassämereien mit bestellet werden.

Es wäre am besten gewesen, daß die achtzig Morgen neunjähriges Land so gelegen hätten, daß sie auf alle neun Koppeln zu gleichen Theilen vertheilt werden konnten. Aber das schlimmste angenommen, es wäre nur möglich, fünf Koppeln damit zu versehen; so fielen davon auf jede dieser fünf Koppeln sechzehn Morgen.

Demnach sollen künftig in der ersten Zeit der Koppelwirthschaft diese neun Schläge bestellet werden:

I.	eine Koppel	von	44	Morgen	mit	Rocken;
II.	—	—	44	—	—	Gerste und Hafer, worunter rother Klee;
III.	—	—	44	—	—	Klee und Mariengras zur Heuwerbung;
IV.	—	—	44	—	—	Buchweitz. u. Erbsen
V.	—	—	44	—	—	Rocken;
VI.	—	—	44	—	—	Weide erstes Jahr;
VII.	—	—	44	—	—	Weide zweites Jahr;
VIII.	—	—	44	—	—	Weide drittes Jahr;
IX.	—	—	44	—	—	Weide viertes Jahr,

und Ausbruch zur Bestellung mit Rocken.

Inklusive des Klees werden daher jährlich zweihundert und zwanzig Morgen bestellet. Jeder Morgen muß im Durchschnitt wenigstens ein und ein Drittel Fuder Mist jährlich haben. Es werden also jährlich wenigstens 294 Fuder erfordert.

Von einem Stück Rindvieh nebst Zuzucht werden acht Fuder Mist gerechnet, wobei der von dem Jungvieh, Spann- Schweine- und Federvieh obenein gegeben wird. — Es sind also nothwendig sieben und dreißig Stück, angenommen, inklusive für den Garten, vierzig Stück, welche wenigstens mittelmäßig gefüttert und gut gestreuet werden müssen.

Was an Schafen gehalten wird, geht von der Zahl des Rindviehes ab.

Vieh, welches so viel als ein Stück Rindvieh und das dazu gehörige junge Vieh frißt, bedarf von dieser Koppelweide vier Morgen zur Grasung. Es würden also hundert und sechzig Morgen nöthig seyn, um das zur angegebenen Düngung nöthige Vieh den Sommer durch zu erhalten. — Aber vier Weidekoppeln, à vier und vierzig Morgen sind hundert sechs und siebenzig Morgen, also sechszehn Morgen mehr. Diese mögen bis dahin nicht gerechnet werden, wo diese Aecker sich so verbessert haben werden, daß sie mit Vortheil in zehn bis dreizehn Schläge getheilt werden können.

In drei Feldern waren vom Herbste 17$\frac{9}{9}\frac{1}{2}$ bestellet gewesen:

106$\frac{2}{3}$	Morgen	mit Rocken, gedünget 15 Morgen,
106$\frac{2}{3}$	"	" Buchweitzen, Hafer, Hirse und 12 Scheffel Gerste, gedünget 21 Morgen
106$\frac{2}{3}$	"	enthielten das Brachfeld, und
80	"	ruhender Acker, neunjähriges Hinterland.
400	Morgen.	

Es wurden also im Durchschnitt jährlich bestellt:

213$\frac{1}{3}$	Morgen,	und
9	"	im Durchschnitt von dem neunjährigen Lande,
222$\frac{1}{3}$	Morgen	jährlich bestellter Acker.

Es ruheten

106$\frac{2}{3}$	Morgen	Brachfeld, und im Durchschnitt
71	"	von dem neunjährigen Lande. Sind
400	Morgen,	wie vorsteht.

1. Vom Herbst 17$\frac{9}{9}\frac{2}{3}$.

Einrichtung der Koppelwirthschaft aus vorstehenden drei Feldern.

a) von 106$\frac{2}{3}$	Morgen	Brache und
40	"	Hinterland.
146$\frac{2}{3}$	"	Davon
1$\frac{2}{3}$	"	zu den Befriedigung., bleiben
145	Morgen. —	Davon

I. 44 Morgen Rocken, gedüngt 15 Morgen,

II. 44 " Rocken, darunter in 5 Morgen zugleich weißer Klee, oder Bergklee und Honiggras.

III. 44 " Buchweitzen.

b) Von 13	Morgen	welche von dem vorigen Felde a) übrig geblieben.
106$\frac{2}{3}$	"	Worauf Winterung war.
40	"	Der Rest des Hinterlandes.
159$\frac{2}{3}$	"	Davon
1$\frac{2}{3}$	"	zu den Befriedigung. bleiben
158	Morgen.	

Davon

IV. 44 Morgen Gerste und Hafer, darunter rother Klee, gedüngt 21 Morgen. Besser, außerdem aus Hof und Stall ausgegrabene Erde, Straßenkoth, Pfützen- und Teichschlamm, auch Asche, da wo sie sich schicket, mit genommen, und damit so viel möglich den Dünger vermehrt.

V. 44 " Buchweitzen;

VI. 44 " Weide erstes Jahr.

c) 26 Morgen, welche von dem vorigen Felde b) übrig blieben;

$106\frac{2}{3}$ " worauf im vorigen Jahre Sommerung war, also in drei Feldern, die Brache geworden wäre.

$132\frac{2}{3}$ Morgen. Davon

$\frac{2}{3}$ " zu den Befriedigungen, bleiben

132 Morgen. — Davon

VII. 44 Morgen Weide erstes Jahr,

VIII. 44 Morgen Weide erstes Jahr,

IX. 44 Morgen Weide erstes Jahr.

Von dem in die Koppeln I. II. III. V. und VI. à 16 Morgen gekommenen neunjährigen Lande wird so viel mit den für die Koppel, worin es liegt, bestimmten Getreidearten bestellet, als wegen seiner gesammelten Kräfte angeht. — In der Koppel VI. liegen davon an sich sechzehn Morgen in Ruhe, bleiben in vier Koppeln noch vier und sechszig Morgen, welche bestellet werden sollten. Kann dasselbe, wegen der fehlenden Kräfte, nur in zwei Koppeln mit bestellet werden, also nur zwei und dreißig Morgen; so bleiben die übrigen zwei und dreißig Morgen in den andern zwei Koppeln noch ungepflügt liegen.

Hiernach sind dieses Jahr geackert worden:

5 Koppeln à 44 Morgen, sind "	220 Morg.
Davon ab die in zwei Koppeln dieses Jahr noch ungepflügt bleibende "	32 "
neunjähriges Land; bleiben zu bestellen	188 Morg.
Sonst wurden im Durchschnitt bestellet	$222\frac{1}{3}$ "
Also pro 17$\frac{8}{9}\frac{3}{4}$ weniger " "	$34\frac{1}{3}$ Morg.

Da-

Dafür muß im Herbste 1792 die Koppel Nr. IV. von vier und vierzig Morgen, worauf im Frühjahre 1793 Gerste und Hafer mit Klee kommen soll, auch die Koppel Nr. V., worauf Buchweitzen kommen soll, so weit es bei dieser angeht, einmal gepflügt und einmal gehakt werden, um die Quecken und das andere Unkraut zu vertilgen, um auch die Winterfruchtbarkeit in den Boden einzuziehen, und im Frühjahre nicht so oft zu pflügen zu haben. Dagegen wird die Frühjahrssaat gewalzet. Gut wäre es, wenn auch die Winterung gewalzet würde, besonders, wenn in solchem Boden gehörig tief gepflügt worden.

In verquektem und flach gepflügtem Boden kommt der Klee nicht gut fort. Er wird dann also, sammt dem Getreide, besser stehen, und der mehrere Einschnitt von diesen gut geackerten Feldern wird die wenigere Aussaat ersetzen. — Diese mehrere Arbeit auf einer kleinern Fläche wird auch mit der sonstigen ziemlich balanziren.

Man siehet also, daß durch die Koppelwirthschaft die Verbesserung zum reichern Ertrage geschehen kann, ohne viele Voraussetzungen, und ohne gleich beim Anfange, wie bei andern Wirthschaften, z. E. bei der in vier Feldern, mehr Vieh, Gras, Heu und Mist haben zu müssen. — Dies ist der große Vortheil der Koppelwirthschaft.

Im Herbste und Winter werden die Befriedigungen so weit gemacht, damit nicht das Vieh zu den bestelleten Koppeln kommen könne.

2) Vom Herbste $17\frac{93}{94}$.

I. **Gerste und Hafer**, mit Klee u. s. w. gedüngt 36 Morgen.

II. **Weide erstes Jahr**, (wenn man wenigstens die im vorigen Jahre mit weißem Klee u. s. w. bestelleten 5 Morgen mit Gyps düngen wollte.)

III. **Rocken**.

IV. **Rother Klee und Mariengras** (wenn man ihn doch im Frühjahre mit Gyps, oder zum Winter mit Asche düngen wollte.)

V. Rocken, worunter wenigstens in 5 Morgen weißer Klee, oder Honiggras u. s. w.
VI. Buchweitzen.
VII. Weide zweites Jahr.
VIII. Weide zweites Jahr.
IX. Weide zweites Jahr.

Bei Nr. IV. soll angenommen werden, daß nur die Hälfte dieser Koppel mit Klee und mit Mariengrase bestellet worden, und daß, wegen des wenigen Düngers u. s. w. davon nur zwölf Fuder Heu gewonnen sind.

Vierzehn Fuder Heu geben die Wiesen für die Pferde, für das Jungvieh und für die Schafe.

Zwölf Fuder Heu neuer Gewinnst von dem Kleebau für zwölf Stück Rindvieh, das Fuder zu zwanzig Zentnern.

Da deshalb das Vieh weniger Stroh zum Futter erhält, also mehr als sonst gestreuet werden kann, so sollen für das folgende Jahr doch nur zwanzig Fuder mehrerer Mist, also nur in Summa zu ein und vierzig Morgen angenommen werden.

Sonst wurden zur Saat gepflügt	$222\frac{1}{3}$	Morgen,
jetzt 4 Koppeln à 44 Morgen	176	„
Weniger	$46\frac{1}{3}$	Morgen.

Dagegen müssen im Herbste zwei Koppeln, oder acht und achtzig Morgen, gehakt, auch der Klee im Frühjahre beegget, wenigstens dieser und die Sommerung gewalzet werden.

Ueberhaupt werden von nun an die beiden Koppeln, worauf Sommerung kommt, allemal im Herbste vorher umgepflügt, und das übrige Feld sorgfältiger in schmälere und tiefere Furchen geackert. — Von da ab vermehrt sich der Getreideertrag merklich.

Im Herbste und Winter wurden die Befriedigungen fortgesetzt, und damit wird, nach Erfordern und wie man es zwingen kann, jährlich fortgefahren, bis alles eingeheget, und so viel als soll, bepflanzet ist.

3) Vom Herbste $17\frac{94}{95}$.

I. Rother Klee, (wenn man ihn und das Mariengras mit Gyps düngen wollte.

II. Weide zweites Jahr.

III. Buchweitzen.

IV. Rocken, darauf 15 Morgen mit weißem Klee, Honiggras ꝛc.

V. Weide erstes Jahr (wenn man die im vorigen Jahre mit weißem Klee, Honiggras u. s. w. bestelleten 5 Morgen mit Gyps düngen wollte.)

VI. Gerste und Hafer mit Klee, gedüngt 41 Morgen.

VII. Rocken.

VIII. Weide drittes Jahr.

IX. Weide drittes Jahr.

In diesem Jahre, wegen des mehrern Düngers und der bessern Beackerung, nur vier und zwanzig Fuder Kleeheu angenommen, und da die Weide im zweiten und dritten Jahre stehet, acht Stück mehreres Rindvieh; darauf, à sechs Fuder, acht und vierzig Fuder Mist, zusammen Mist auf drei und funfzig Morgen.

4) Vom Herbste $17\frac{95}{96}$.

I. Buchweitzen.

II. Weide drittes Jahr.

III. Rocken, darauf 22 Morgen mit weißem Klee, Honiggras u. s. w.

IV. Weide erstes Jahr (15 Morgen, worauf weißer Klee, Honiggras u. s. w. gesäet war, mit Gyps gedüngt.)

V. Weide zweites Jahr.

VI. Rother Klee (Gyps).

VII. Gerste und Hafer mit Klee, gedünget 44 Morgen; also die ganze Koppel.

VIII. Rocken, gedüngt 9 Morgen.

IX. Weide viertes Jahr.

Jetzt ist die Weide, wie sie eingerichtet werden soll, ein, zwei, drei und vierjährig. Der Klee ist ganz durch gedüngt worden. — Man rechnet auf den Morgen zwei Fuder Kleeheu. Ich nehme bei diesem Acker nur ein und ein Drittel Fuder, in der Folge nur ein und ein halb Fuder zum sichern Anschlage an, sind

	$58\frac{2}{3}$ Fuder.
Die Wiesen geben Grasheu	14 „
	$72\frac{2}{3}$ Fuder.

Ein guter Wirth wird nun nach gerade auch die Wiesen verbessern.

37 bis 40 Stück Kühen gleiches Vieh und
6 „ Pferde.

46 Stück Vieh bedürfen, inklusive des Jungviehes, à ein und ein halbes Fuder, dasselbe zu zwanzig Zentnern,
69 Fuder Heu.
Es werden gewonnen $72\frac{2}{3}$ „ „
mehr $3\frac{2}{3}$ Fuder Heu.

Also reicht man damit, inklusive der Zuzucht, aus, und von nun an muß die komplete Viehzahl vorhanden seyn.

5) Vom Herbste 17$\frac{96}{97}$.

I. Rocken, darauf im Frühjahre 22 Morgen weißer Klee, Honiggras u. s. w.
II. Weide viertes Jahr, und Aufbruch zur Rockensaat.
III. Weide erstes Jahr.
IV. Weide zweites Jahr.
V. Weide drittes Jahr.
VI. Buchweitzen.
VII. Spanischer Klee.
VIII. Gerste und Hafer, darauf Spanischer Klee, gedünget durch 147 Fuder Mist.
IX. Rocken, gedüngt mit 147 Fudern Mist.

Mit diesem Jahre ginge die neue volle Düngung an.

In diesem und dem folgenden Jahre werden die Befriedigungen völlig fertig und bepflanzt seyn. Da nicht nöthig war, sie in einem Jahre zu beendigen; so werden sie auch desto weniger, oder gar nichts, gekostet haben.

Es wird auf alle Fälle für hinreichendes Wasser für das Vieh in den Koppeln gesorget seyn.

In der Koppel, worin Buchweitzen angegeben ist, und in der Koppel, welche neu aufgebrochen wird, können auch die Kartoffeln, etwas Erbsen, Flachs, Toback, so fern sich der Acker sonst dazu schickt, mit bestellet werden.

Die Koppelwirthschaft hindert den Landmann überhaupt nicht, solche Früchte ferner zu bauen, welche er in drei Feldern gewohnt war. Er kann also auch Zichorien, Krapp u. s. w. bauen.

Das Sommergetreide gedeihet auf Flachs und Kartoffeln besser, als Winterrocken. Dieser muß auf solchen Feldern gewalzet werden; dann wird man keinen Unterschied finden, wenn er sonst nicht zu spät gesäet wird.

Ich will eine Tabelle hersetzen, woraus man die Bestellung dieser, aus drei Feldern in neun Koppeln gelegten 400 Morgen zu neun Jahren übersehen kann.

Nr. der Kop	Jahre 1.	Mist Fud.	2.	Mist Fud.	3.	Mist Fud.	4.	Mist Fud.	5.	Mist Fud.	6.	Mist Fud.	7.	Mist Fud.	8.	Mist Fud.	9.	Mist Fud.
I.	Rocken	60	Gerste ꝛc	144	Klee	—	Buchw.	—	Rocken	—	W. 1.	—	W. 2.	—	W. 3.	—	W. 4.	—
II.	Rocken	—	W. 1.	—	W. 2.	—	W. 3.	—	W. 4.	—	Rocken	147	Gerste ꝛc	147	Klee	—	Buchw.	—
III.	Buchw.	—	Rocken	—	Buchw.	—	Rocken	—	W. 1.	—	W. 2.	—	W. 3.	—	W. 4.	—	Rocken	147
IV.	Haf. ꝛc.	84	Klee	—	Rocken	—	W. 1.	—	W. 2.	—	W. 3.	—	W. 4.	—	Rocken	147	Gerste ꝛc	147
V.	Buchw.	—	Rocken	—	W. 1.	—	W. 2.	—	W. 3.	—	W. 4.	—	Rocken	147	Gerste ꝛc	147	Klee	—
VI.	W. 1.	—	Buchw.	—	Gerste ꝛc	164	Klee	—	Buchw.	—	Rocken	—	W. 1.	—	W. 2.	—	W. 3.	—
VII	W. 1.	—	W. 2.	—	Rocken	—	Gerste ꝛc	176	Klee	—	Buchw.	—	Rocken	—	W. 1.	—	W. 2.	—
VIII.	W. 1.	—	W. 2.	—	W. 3.	—	Rocken	36	Gerste ꝛc	147	Klee	—	Buchw.	—	Rocken	—	W. 1.	—
IX.	W. 1.	—	W. 2.	—	W. 3.	—	W. 4.	—	Rocken	147	Gerste ꝛc	147	Klee	—	Buchw.	—	Rocken	—
		144		144		164		212		294		294		294		294		294

Sonst erhielten Mist	320	Morgen	144	Fuder	jährlich;
Das neunjährige Land	80	”	—	”	”
	400	Morgen	144	Fuder	”
Jetzt erhalten diese	400	”	294	”	”
mehr			150	Fuder	jährlich;

also über noch einmal so viel als sonst.

Wie sich die Arbeit in dieser Koppelwirthschaft, gegen die Bewirthschaftung dieser 400 Morgen in drei Feldern, nebst dem Ertrage und den Kosten verhalte, kommt bei der Beantwortung der IIIten Frage vor.

§. 63.

B. Eine Eintheilung eines Feldes in zehn Schläge.

Dazu wird etwas besserer Acker erfordert. Darnach würde die Eintheilung von einem dem vorigen am nächsten Acker seyn:

Buchweitzen, Rocken, Kartoffeln, { Gerste und Hafer. } Klee, Rocken, Weide,

W. W. W. — Oder:

Kartoffeln, { Gerste und Hafer, } Klee, Rocken, { Erbsen und Buchw. } Rocken, Weide,

W. W. W. — Oder:

{ Buchweitzen, Kartoffeln, Taak, Erbs. } Rocken, Gerste, Klee { Rocken und Erbsen. } { Hafer und Rock. } Weide,

W. W. W. — Nämlich wenn der Boden nicht so leicht als der vorige ist. — Oder:

{ Weitzen, Erbsen, Kartoffeln rc. } Rocken, Gerste, Klee, { Weitzen und Erbsen } { Hafer und Rock. } Weide,

W. W. W. — Nämlich, wenn der Boden ganz gut ist, und dann erhält die Gerste die stärkste Düngung, um der zweiten Weitzensaat desto besser zu gute zu kommen.

Bei einer Feldmark von 400 Morgen, würden hier, à ein und ein Drittel Fuder, auf sechs Schläge, jeden zu 40 Morgen, jährlich 320 Fuder Mist, also 40 Stück Rindvieh nöthig seyn. Bei der Wirthschaft in neun Schlägen waren eigentlich nur zu 291 Fuder, 37 Stück erforderlich.

Die 160 Morgen Weide in vier Koppeln, à vier Morgen auf ein Stück, würden zu 40 Stück eben zu reichen. —

40 Morgen Klee, geben à $1\frac{1}{2}$ Fuder	60	Fuder	Heu:
die vorigen Wiesen gaben	14	=	=
Summa	74	=	= Davon
40 Stück Rindvieh und also 6 Pferde à $1\frac{1}{2}$ Fuder erhalten	69	=	=
Bleiben	5	Fuder	Heu

für das Jungvieh und zur Anlegung eines eisernen Bestandes, von dem viele Jahre dauernden Kleeheu.

Bei dieser Eintheilung bleiben 16 Morgen weniger zur Weide, und diese werden mehr, als in neun Schlägen, zum Getreidebau verwendet.

§. 64.

C. Eine Eintheilung eines Feldes in dreizehn Schläge.

Diese Eintheilung findet mit Vortheil statt, wenn der Boden fünf Jahre nach einander gute Grasung, und inklusive ein Jahr Spanischen Klee, acht Jahre nach einander, bei jährlich $1\frac{1}{3}$ Fuder Mist pro Morgen, reiches Getreide erwarten läßt.

Selbst der vorige Acker, welcher Anfangs nur in neun Schläge getheilet werden durfte, kann mit der Zeit in 13 Schläge mit Vortheil gebracht werden.

Aber gleich aus 3 Feldern diese Einrichtung zu machen, wird erfordert, daß der Acker größten Theils guten schwern Boden enthalte, oder daß es ein nicht zu schlecht im Dünger gehaltener Mittelboden sey, oder daß er, statt dessen, nicht hoch, sondern etwas feucht liege.

Ich nehme ein Gut von 800 Morgen an:

600	Morgen	seyen alle sechs Jahre einmal mit vier Fudern auf jedem Morgen, gedünget worden; wurden also jährlich 400 Fuder Mist gemacht.
80	=	seyen Hinterland und nie gedünget; daher nur alle neun Jahre einmal bestellet worden.
120	=	seyen Weideanger, Marschen, welche aus pflügbarem Acker bestehen.
800	Morgen.	

800 Morgen
Weiter sey keine Weide vorhanden. — Die Wiesen geben 40 Fuder Heu.
7 = mögen die Befriedigungen hinnehmen.

Bleiben
793 Morgen.

Jede Koppel wird hiernach 61 Morgen enthalten. Der Acker sey so gelegen, daß die 80 Morgen neunjähriges Land auf alle Schläge, jeden à $6\frac{2}{13}$ Morgen vertheilt werden können. Aber die Gleichheit der Schläge unter sich kommen nicht anders heraus, als wenn die 120 Morgen Anger vier Koppeln als Beischläge zugetheilet werden.

Jede von diesen vier Koppeln wird also enthalten, von dem Acker = = 31 Morgen,
und von dem Anger einen Beischlag von 30 =

Da auf diesem Boden, wenn er nur erst rein von den Quecken, und einiger maßen besser gedünget ist, bis auf die $6\frac{2}{13}$ Morgen Hinterland, schon in den ersten Jahren, allenthalben rother Spanischer Klee mit Vortheil gebauet werden kann; so wird man diejenige Koppel, welche die letzte Saat bekommt, zugleich allemal mit weißem Klee, Honiggras, Kälberkropf, u. s. w. besäen können, um die Weide, binnen kurzer Zeit, so ergiebig zu machen, daß sie mehreres Vieh ernähre, als zu dem Dünger für den Getreidebau zu halten nothwendig wäre; also bei Fleiß und Arbeit auch die Nützung des Viehes noch mehr und ganz besonders erhöhen, und dadurch zugleich die Nützung des Getreidebaues selbst von dem vielen Miste noch ansehnlicher machen; dabei veranlassen, daß auch von denjenigen guten Pflanzen, welche besonders eine reiche Düngung verlangen, viele, und nicht mehr auf Kosten des Getreides mit Vortheil gebauet werden; z. E. Flachs, Krapp, Toback u. s. w. — Ich sage Flachs, Krapp und Toback mit Vortheil und nicht mehr auf Kosten des Getreides gebauet werden können; weil die zu diesen Pflanzen erforderliche sehr starke Düngung dem Getreidebau zu einigem Schaden entzogen wird, so lange der Acker noch nicht in der dreijährigen Düngung steht, wo er also eigentlich den Mist noch nicht für jene Pflanzen, ohne Schaden des Kornertrages, entbehren kann.

Jährlich werden acht Koppeln à 61 Morgen bestellet. Jede erhält 1⅓ Fuder Mist, sind also 650 Fuder.

Was den Plan der Folgeordnung der Früchte betrifft, und was für Früchte in jeder Koppel bestellet werden sollen; so nehme ich an, daß der Acker enthalte:

Weitzenland zweiter Klasse, nämlich von dem alten Acker	150 Morgen		
und von dem Anger	50 "		
		200 Morgen	
¼ Gerstenland zweiter Klasse		200 "	
¼ Haferland erster Klasse		200 "	
¼ Haferland zweiter Klasse, nämlich von der gedüngten Erde			50 Morgen
So weit verbessertes neunjähriges Land			80 "
Von dem Anger			70 "
			200 Morgen
		800 Morgen	

Jede Koppel wird also 15¼ Morgen Weitzenland enthalten, auch

15¼ " Gerstenland, und

30½ " Haferland

61 Morgen.

Ich werde die Folgeordnungen so zu leiten haben, damit einerlei Getreide nicht zu schnell auf einander folge; ferner, daß der Klee, wovon der rothe Klee zum Heumachen allemal eine ganze Koppel hinnehmen mag, nicht zu sehr in den allerersten Jahren nach dem Aufbruch gesäet werde, auch nicht in den allerletzten Jahren. Ersteres, wenn etwa davon in den Weidekoppeln mit der letzten Saat bestellet war; letzteres, wenn er etwa darin wieder bestellet werden soll, damit auch er nicht zu schnell wieder auf dasselbe Stück Landes komme.

Ich werde in Obacht nehmen, daß die Winterung und Sommerung, jede, so viel möglich, gleich viele Morgen einnehme, um die Arbeit gut zu vertheilen. — In nachstehendem Plane wird die Sommerung dennoch 30½ Morgen, oder eine halbe Koppel mehr enthalten müssen; dagegen vermehret sich die Herbstarbeit durch das Haken des Sommerfeldes vor Winters, und es ist im Frühjahre deshalb wenigere Arbeit. —

Ich werde in Nr. I., diejenigen 15¼ Morgen, worauf Weitzen folget, vorher allemal mit Frühgerste bestellen, damit der Weitzen zeitig genug gesäet werden könne. —

Ich hätte auch darauf sehen sollen, daß jede ganze Koppel zu gleicher Zeit, geerntet würde, um vor der Umpflügung, wenigstens noch mit den Schafen und Schweinen, die Stoppel zu nützen. — In Nr. VIII. des folgenden Plans ging dieses nicht füglich an, sie wird auch vor dem Herbste so nicht, von den Schweinen gar nicht, und im Herbste bloß von den Fettschafen behütet, um nicht dem zarten Klee zu schaden.

In Nr. III. und VII wird nur ein Viertel zeitiger geerntet, und ist daher nicht von Belang; das Getreide kann auch von den Hirten in Obacht genommen werden.

Der Plan würde also, wenn erst alles eingerichtet ist, seyn:

Nr. I.	30½ M. Gerste 30½ M. Buchweitzen, Flachs, Taback u. s. w.	244 Fuder Mist
— II.	15¾ M. Weitzen 45¾ M. Rocken.	
— III.	15¾ M. Rocken 15¾ M. Erbsen 30½ M. Kartoffeln.	244 Fuder Mist
— IV.	30½ M. Gerste 30½ M. Haser	mit rothem Klee. 244 Fd. Mist
— V.	rother Spanischer Klee.	
— VI.	15¾ M. Weitzen 45¾ M. Rocken	

Nr. VII. { 15¼ M. Rocken. / 15¼ M. Erbsen. / 30½ M. Buchweitzen. } 81 Fuder Mist.

— VIII. { 30½ M. Gerste. / 30½ M. Rocken. } Davon 30½ M. mit weißem Klee, und am besten die andern 30½ M. mit andern Grassämereien, z. E. Honiggras, Kälberkropf, auch mit den gewöhnlichen Acker- und Wiesen-Grasarten.

— IX. Weide erstes Jahr.
— X. Weide zweites Jahr.
— XI. Weide drittes Jahr.
— XII. Weide viertes Jahr.
— XIII. Weide fünftes Jahr.

Eigentlich aber wird bei solcher Kultur und Düngung allemal die Hälfte der Koppel mit Weitzen, drei Viertel, wo nicht ganz, mit großer und kleiner Gerste in der Folge sicher bestellet werden können.

In drei Feldern waren im Herbste 17$\frac{91}{92}$ bestellet gewesen:

200	Morgen	Rocken und Weitzen,
209	"	Gerste und Hafer,
200	"	lagen Brache.
		Es wurden also jährlich bestellet
400	"	sechsjährig gedüngter Acker,
9	"	im Durchschnitt vom neunjährigen Acker.
409	Morgen	bestellter Acker.

Unbestellet waren:

71	Morgen	neunjähriges Land
200	"	Brache
120	"	Anger
391	Morgen	unbestelleter Acker.

1. Vom Herbst 17 92/93.

Einrichtung der Koppelwirthschaft aus vorstehenden drei Feldern.

a) 200 Morgen Brache,
20 „ neunjähriges Land.

220 „ Davon
1¼ „ zu den Befriedigungen.
Bleiben

218¾ Morgen.

I. 61 Morgen Rocken und Weitzen, letzterer gedüngt mit 64 Fuder Mist.
II. 61 „ Rocken.
III. 61 „ Rocken.

b) 35¼ Morgen vom Acker a)
200 „ worauf im vorigen Jahre Winterung war,
30 „ neunjähriges Land,
60 „ Anger.

325¼ Morgen. Davon
2¾ „ zu den Befriedigungen.
Bleiben

322½ Morgen.

IV. 61 „ Gerste und Hafer mit Klee, gedüngt mit 244 Fuder Mist.
V. 61 „ { 31 M. Hafer. / 30 M. Anger.
VI 61 „ Erbsen und Buchweitzen, erstere gedünget mit 92 Fuder Mist.
VII. 61 „ Gerste und Hafer.
VIII. 61 „ Weide erstes Jahr und Anger.

c) 17½ M. so vom Acker b) übrig blieben;
200 „ gewesenes Sommerfeld;
30 „ neunjähriges Land;
60 „ Anger.

Lat. 307½ Morgen. Davon

	Transp. $307\frac{1}{2}$ Morgen.	Davon	
	$2\frac{1}{2}$	ꝛ	zu den Befriedigungen.
		Bleiben	
	305 Morgen.		

IX. 61 Morgen Weide erstes Jahr und Anger.
X. 61 ꝛ Weide erstes Jahr und Anger.
XI. 61 ꝛ Weide erstes Jahr.
XII. 61 ꝛ Weide erstes Jahr.
XIII. 61 ꝛ Weide erstes Jahr.

In drei Feldern wurden bestellet		409	Morgen;
Jetzt $6\frac{1}{2}$ Koppel, à 61 Morgen,	ꝛ	397	ꝛ
	weniger	12	ꝛ

Dafür hat die Koppel Nr. IV. zur Gerste im Herbste 1792 gepflüget werden müssen, und wenn von dem neunjährigen Lande, wegen noch nicht wieder gesammelter Kräfte, etwas unbestellet bleiben mußte, oder wenn es sonst anging, auch diejenige zu den Erbsen, zum Hafer, und selbst die Koppel zum Buchweitzen. — Ich rathe, lieber die halbe Koppel Nr. V. noch dazu liegen zu lassen, als sie schlecht zu bestellen. — Weniger gut bestellter Acker trägt schon in drei Feldern mehr, als vieler schlecht bestellter Acker.

2) Vom Herbste $17\frac{93}{94}$.

I. 61 Morgen Rocken, Erbsen und Kartoffeln
II. 61 ꝛ Gerste und Hafer mit Klee, gedünget mit 244 Fuder Mist.
III. 61 ꝛ Gerste und Hafer.
VI. 61 ꝛ Klee (ein guter Wirth wird ihn mit Gyps düngen und beeggen.)
V. 61 ꝛ Weide erstes Jahr und Anger.
VI. 61 ꝛ Weitzen und Rocken.
VII. 61 ꝛ Weide erstes Jahr.
VIII. 61 ꝛ Weide zweites Jahr und Anger.
IX. 61 ꝛ Weide zweites Jahr und Anger.
X. 61 ꝛ Weide zweites Jahr und Anger.
XI. 61 ꝛ Weide zweites Jahr.
XII. 61 ꝛ Gerste und Buchweitzen, gedünget mit 102 Fudern Mist.

XIII. 61 ⸗ Weitzen und Rocken, gedünget mit 64 Fudern Mist.

Jetzt sind bestellet 6 Koppeln, oder	366	Morgen
Ehemals wurden bestellet	409	⸗
Jetzt weniger	43	Morgen.

Dagegen müssen 61 Morgen Klee im Frühjahre geegget, und im Sommer geerntet werden; alle Koppeln, worin im Frühjahre Sommerung kam, mußten gewalzet und den Herbst vorher gehakt werden. — Diese Arbeit zusammen genommen, wird die in drei Feldern noch nicht merklich übersteigen. Daher rechne ich auch sicher, daß sie gut verrichtet werde, um so mehr, da in diesem Jahre dem Zugvieh die Kleefütterung schon zu gute kam, und schon deshalb mehreres, oder doch tüchtigeres Zugvieh gehalten werden konnte.

Wegen des zu Heu gemachten Klees wird auch schon im Herbste der ganze komplete Viehstand angeschaffet, und von künftigem Jahre an der ganze zu hoffende Dünger gerechnet.

Wäre auch die Weide noch nicht durchgehends recht grasreich; so bleibt dafür noch eine Koppel von 61 Morgen zur Grasung mehr liegen, als nach dem Anschlage nöthig war. Dieses ist mit auf den Fall gut, wenn der Wirth, wider meinen Vorschlag, mit der letzten Saat nicht weißen Klee ꝛc. gesäet hat, um sich die Grasung zu verzeitigen und zu vermehren.

3) Vom Herbst 17$\frac{94}{95}$.

I. Gerste und Hafer, mit Spanischem Klee, gedünget mit 244 Fudern Mist.
II. Spanischer Klee.
III. Weide erstes Jahr.
IV. Weitzen und Rocken, gedünget mit 92 Fudern Mist.
V. Weide zweites Jahr und Anger.
VI. Gerste und Hafer, nachgesäet weißer Klee, Honiggras ꝛc.
VII. Weitzen und Rocken, gedünget mit 90 Fudern Mist.
VIII.* Weide drittes Jahr und Anger.
IX. Weide drittes Jahr und Anger.

X. Weide drittes Jahr und Anger; auch Ausbruch dieser Koppel.

XI. Weide drittes Jahr.

XII. Weizen und Rocken, gedünget mit 142 Fudern Mist.

XIII. Rocken, Erbsen und Kartoffeln, gedünget mit 82 Fudern Mist.

Der Acker muß schlechterdings gut bearbeitet, auch zur Sommerung den Herbst vorher gehakt werden. Weide und Heu sind nun vorhanden; das Vieh zur gehörigen Bespannung und zur Milch kann daher gehalten werden, und man darf sich nun nicht entschuldigen, vier Jahre nach einander, jährlich 30 Morgen Anger aufzubrechen.

Sollte aber einem und dem andern Wirthe, welcher bisher nicht hinreichendes Spannvieh, oder solches doch nicht tüchtig genug hat halten können, zu dessen Anschaffung die baren Auslagen, oder der Kredit dazu fehlen; so wird ihm nur übrig bleiben, diese 30 Morgen Anger, oder so viel er davon nicht zwingen kann, an kleine Leute auszuthun, welche sie sich graben und mit Kartoffeln ꝛc. bepflanzen. — Allein der Mangel des Kredits zur bessern Betreibung der Wirthschaft ist wohl sehr selten, und, mit Ausnahme, fast allemal ein schlechtes Zeichen.

Wenn dieses Gut von 800 Morgen erst gehörig eingerichtet seyn wird; so ist bei demselben in allen Stücken merklich mehrere Arbeit und mehrere Aussaat, als vorher gewesen war, schon dadurch, daß die 80 Morgen neunjähriges Land nicht mehr nur alle neun Jahre einmal, sondern daß auch die Weideanger mit zur Bestellung gezogen werden.

In drei Feldern wurden jährlich bestellet 409 Morgen.

Jetzt 7 Koppeln, jede zu 61 Morgen	427 M.	
1 Koppel von 61 Morg. mit Klee	61	ꞵ
	488	ꞵ
jetzt also mehr 79 Morgen.		

Man hat daher außer der mehreren Arbeit bei der stärkern Viehzucht, und bei der stärkern Düngung, 18 Morgen mehreres Getreide, und 61 Morgen mehreres Heu (Kleeheu) zu bestellen und zu ernten.

Ich

Nr. der Koppeln	1.	Mist-Fuder.	2.	Mist-Fuder.	3.	Mist-Fuder.	4.	Mist-Fuder.	5.	Mist-Fuder.	6.
I.	Weitzen und Rocken	64	Rocken Erbsen Kartoffeln	—	Gerste und Hafer	244	Klee	—	Weitzen und Rocken	—	Rocken Erbsen Buchweitz
II.	Rocken	—	Gerste und Hafer	244	Klee	—	Weitzen und Rocken	—	Rocken Erbsen und Buchweitzen	81	Gerste und Rocken
III.	Rocken	—	Gerste und Hafer	—	Weide 1.	—	Weide 2.	—	Weide 3.	—	Weide 4.
IV.	Gerste und Hafer	244	Klee	—	Weitzen und Rocken	92	Rocken, Erbsen und Buchweitzen	81	Gerste und Rocken	—	Weide 1.
V.	Hafer und Anger	—	Weide 1. und Anger	—	Weide 2. und Anger	—	Weide 3. und Anger	—	Weide 4. und Anger	—	Weide 5. und Aufbruch
VI.	Erbsen und Buchweitzen	92	Weitzen und Rocken	—	Gerste und Hafer	—	Weide 1.	—	Weide 2.	—	Weide 3.
VII.	Gerste und Hafer	—	Weide 1.	—	Weitzen und Rocken	90	Gerste und Hafer	—	Weide 1.	—	Weide 2.
VIII.	Weide 1. und Anger	—	Weide 2. und Anger	—	Weide 3. und Anger	—	Weide 4. und Anger	—	Weide 5. und Aufbruch	—	Gerste und Buchweitze
IX.	Weide 1. und Anger	—	Weide 2. und Anger	—	Weide 3. und Anger	—	Weide 4. und Aufbruch	—	Gerste und Buchweitzen	244	Weitzen und Rocken
X.	Weide 1. und Anger	—	Weide 2. und Anger	—	Weide 3. und Aufbruch	—	Gerste und Buchweitzen	244	Weitzen und Rocken	—	Rocken, Erbsen und Kartoffeln
XI.	Weide 1.	—	Weide 2.	—	Weide 3.	—	Weitzen und Rocken	—	Rocken, Erbsen und Kartoffeln	81	Gerste und Hafer
XII.	Weide 1.	—	Gerste und Buchweitzen	102	Weitzen und Rocken	142	Rocken, Erbsen und Kartoffeln	81	Gerste und Hafer	244	Klee
XIII.	Weide 1.	—	Weitzen und Rocken	64	Rocken, Erbsen und Kartoffeln	82	Gerste und Hafer	244	Klee	—	Weitzen und Rocken
		400		410		650		650		650	

Mist-Fuder	8.	Mist-Fuder	9.	Mist-Fuder	10.	Mist-Fuder	11.	Mist-Fuder	12.	Mist-Fuder	13.	Mist-Fuder
—	Weide 1.	—	Weide 2.	—	Weide 3.	—	Weide 4.	—	Weide 5. und Aufbruch	—	Gerste und Buchweitzen	244
—	Weide 2.	—	Weide 3.	—	Weide 4.	—	Weide 5. und Aufbruch	—	Gerste und Buchweitzen	244	Weitzen und Rocken	—
—	Gerste und Buchweitzen	244	Weitzen und Rocken	—	Rocken, Erbsen und Kartoffeln	81	Gerste und Hafer	244	Klee	—	Weitzen und Rocken	—
—	Weide 3.	—	Weide 4.	—	Weide 5. und Aufbruch	—	Gerste und Buchweitzen	244	Weitzen und Rocken	—	Rocken, Erbsen und Kartoffeln	81
44	Weitzen und Rocken	—	Rocken, Erbsen und Kartoffeln	81	Gerste und Hafer	244	Klee	—	Weitzen und Rocken	—	Rocken, Erbsen und Buchweitzen	81
—	Weide 5. und Aufbruch	—	Gerste und Buchweitzen	244	Weitzen und Rocken	—	Rocken, Erbsen und Kartoffeln	81	Gerste und Hafer	244	Klee	—
—	Weide 4.	—	Weide 5. und Aufbruch	—	Gerste und Buchweitzen	244	Weitzen und Rocken	—	Rocken, Erbsen und Kartoffeln	81	Gerste und Hafer	244
—	Rocken, Erbsen und Kartoffeln	81	Gerste und Hafer	244	Klee	—	Weitzen und Rocken	—	Rocken, Erbsen und Buchweitzen	81	Gerste und Rocken	—
81	Gerste und Hafer	244	Klee	—	Weitzen und Rocken	—	Rocken, Erbsen und Buchweitzen	81	Gerste und Rocken	—	Weide 1.	—
44	Klee	—	Weitzen und Rocken	—	Rocken, Erbsen und Buchweitzen	81	Gerste und Rocken	—	Weide 1.	—	Weide 2.	—
—	Weitzen und Rocken	—	Rocken, Erbsen und Buchweitzen	81	Gerste und Rocken	—	Weide 1.	—	Weide 2.	—	Weide 3.	—
—	Rocken, Erbsen und Buchweitzen	81	Gerste und Rocken	—	Weide 1.	—	Weide 2.	—	Weide 3.	—	Weide 4.	—
81	Gerste und Rocken	—	Weide 1.	—	Weide 2.	—	Weide 3.	—	Weide 4.	—	Weide 5.	—
50		650		650		650		650		650		650

Ich setze eine Tabelle her, woraus diese Bestellung in dreizehn Schlägen, den ganzen Zirkel von dreizehn Jahren hindurch zu übersehen ist.

Zuvor aber bemerke ich noch, daß

sonst erhielten	600	Morgen	jährlich	400	Fuder	Mist.
neunjähriges Land	80	„	„	„	„	„
der Weideanger von	120	„	„	„	„	„
In 3 Schlägen	800	Morgen	jährlich	400	Fuder	Mist.
In 13 Schlägen	800	„	„	650	„	„
In 13 Schlägen also			jährlich	250	Fud.	Mist mehr.

Wie sich die Arbeit in dieser Koppelwirthschaft der 800 Morgen in dreizehn Schlägen, gegen die in drei Feldern, nebst dem Ertrage und den Kosten verhalte, kommt bei der Beantwortung der III. Frage vor.

III.

Worin kann der Nutzen der Einführung der Koppelwirthschaft in die Mark Brandenburg für den Privateigenthümer und für den Staat bestehen?

A.

Von dem Nutzen der Einführung der Koppelwirthschaft in die Mark Brandenburg für den Privateigenthümer.

§. 65.

Der Nutzen der Einführung der Koppelwirthschaft in die Mark Brandenburg für den Privateigenthümer wird darin bestehen, daß ihm in der Koppelwirthschaft eine mit Getreide bestellete etwas kleinere Morgenzahl mehreres Getreide und Stroh einbringen wird, als in drei Feldern eine größere hat einbringen können, und daß dabei die durch diese Wirthschaft beabsichtigte bessere Grasung und Vermehrung des Heues (letztere so wol durch die nun möglich gewordene Schonung der Wiesen, als auch durch den Kleebau) eine bei weiten stärkere Viehzucht gestatten, diese aber und der größere Gewinn an Getreide die Summe des jährlichen Ertrages, gegen die Wirthschaft in drei Feldern, um ein Drittel, an anderen Orten um die Hälfte, ja um das alterum tantum vermehren wird, ohne daß die stärkeren Unkosten diesen Vortheil wieder hinnehmen.

§. 66.

Der Beweis dieser Behauptung liegt zwar schon in der Natur der Sache, und das bei der II. Frage ausgeführte enthält ihn hinlänglich. Ich werde ihn aber dadurch noch anschaulicher zu machen suchen, daß ich die angenommenen Güter von 400 und 800 Morgen, nach der Wirthschaft in drei Feldern und auch nach der in neun, zehn und dreizehn Schlägen, veranschlage, demnächst aber die Erträge gegen einander balancire.

Ich werde diese Anschläge nach den gemäßigtesten Sätzen anfertigen, und daher nach den Landschaftlichen Taxationsgrundsätzen der Mark gehen, da sie gesetzlich sind, und die Grundsätze der Königlichen Krieges- und Domänenkammern damit übereinstimmen. — Wo jene nicht ausreichen, da werde ich zu denen Vorschriften gehen, wornach bei Verpachtung der Königlichen Domänenämter verfahren wird.

Dadurch hoffe ich den Vorwurf des Willkührlichen zu vermeiden. — Um diesem Vorwurfe überhaupt auszuweichen, werde ich der Wirthschaft in drei Feldern, so viel als nur irgend angeht, zu gute rechnen; dagegen bei Berechnung des Ertrages in der Koppelwirthschaft genauer seyn. — Ich werde daher, bei der Ausmittelung des Ertrages in der Koppelwirthschaft auch nicht daran denken, daß mit der Zeit das Melkvieh des Morgens und Abends vom grünen Klee ein Futter im Stall erhalten könne, und daß dadurch so wol die Einkünfte von jeder einzelnen Kuh, als auch die Zahl der Kühe selbst noch vermehrt werden können.

§. 67.

A. Das Gut von vierhundert Morgen.

a) In drei Feldern.

Das Gut enthält an in neunjährigem Dünger stehendem Acker	:	:	320 Morgen,
und an neunjährigem nie gedüngten Lande			80 :
			400 Morgen.

Neunjähriges Land kommt, nach der Taxationsvorschrift, nicht zum Anschlage. Ich werde aber dennoch neun Morgen, als ein Neuntel dieser 80 Morgen, der Wirthschaft in drei Feldern jährlich zu gute rechnen, und zwar im Winterfelde.

Insbesondere werde ich den Anschlag nach den Taxationssätzen für den Glien- und Löwenbergschen Kreis absassen; weil diese das Verfahren bei neun, sechs und dreijähriger Düngung enthalten, als worauf es bei Ausmittelung des Einfalles und des Einschnitts mit ankommt.

Nach Seite 75 besteht dieser Acker:

aus 100 Morgen Gerstenland zweiter Klasse,
aus 100 Haferland erster Klasse,
aus 120 Haferland zweiter Klasse, und
aus 80 „ neunjährigem Lande, welches ich hier, in Absicht des Ausfalles und des Einschnitts, dem dreijährigen Acker gleichschätzen werde.

Zweites, oder schlechtes Gerstenland kann, bei einer neunjährigen Düngung, in neun Jahren nur einmal Gerste tragen; in den übrigen Sommerungen, statt der Gerste, zweimal Hafer. — Ich will aber der Wirthschaft in drei Feldern mehr zu gute thun, und annehmen, dieses Gerstenland zweiter Klasse trage in 6 Jahren einmal Gerste.

Von dem Ertrage wird ein Korn zur Saat abgezogen. Von dem übrigen wird die eine Hälfte zur Konsumtion und zur Bestreitung der Wirthschaftskosten, die andere Hälfte zur Arrende, oder zum Verkauf, gerechnet, so fern der Ertrag nicht über fünf Körner ist. Geht der Ertrag über fünf Körner, so giebt man in nicht zu schweren Boden zwei Körner zur Wirthschaft und, das, nach Abzug der Saat, übrige wird zur Arrende veranschlaget.

Morgen.	Einfall auf 1 Morgen. Metz	Summa der Aussaat. W.	S.	M.	Acker- und Getreidearten.	Das wievielste Korn	Einschnitt. Summa des Einschnitts. W.	S.	M.	Zur Saat. Körner.	W.	S.	M.	Zur Wirthschaft. Körner.	W.	S.	M.	Zur Arrende. Körner.	W.	S.	M.
					A. Winterung.																	
33⅓	15	1	7	4	Rocken im 2ten Gerstenlande	4	5	5	—	1	1	7	4	1½	1	22	14	1½	1	22	14
33⅓	12	1	1	—	— im 1sten Haferlande	3	3	3	—	1	1	1	—	1	1	1	—	1	1	1	—
40	11	1	3	8	— im 2ten Haferlande	3	3	10	8	1	1	3	8	1	1	3	8	1	1	3	8
9	10	—	5	10	— im 9jährigen Lande	3	—	16	14	1	—	5	10	1	—	5	10	1	—	5	10
115⅔	—	3	17	6	Summa Winterung	—	12	11	6	—	3	17	6	—	4	9	—	—	4	9	—
					B. Sommerung.																	
					a). Gerste.																	
17	17	—	18	1	Gerste im 2ten Gerstenlande	3½	2	15	3½	1	—	18	1	1¼	—	22	9	1¼	—	22	9
					S. p. se.																	
					b). Hafer.																	
16⅓	15	—	15	5	Hafer im 2ten Gerstenlande	3½	2	5	9½	1	—	15	5	1¼	—	19	2	1¼	—	19	2
33⅓	14	1	5	2	— im 1sten Haferlande	3½	4	5	15	1	1	5	2	1¼	1	12	6	1¼	1	12	6
40	12	1	6	—	— im 2ten Haferlande	3	3	18	—	1	1	6	—	1	1	6	—	1	1	6	—
86⅔	—	3	2	7	Hafer. Summa	—	10	5	8½	—	3	2	7	—	3	13	8	—	3	13	8
106⅔	—	3	20	8	Summa Sommerung	—	12	20	12	—	3	20	8	—	4	12	1	—	4	12	1
222⅓	—	7	15	14	Summa des Getreidebaues	—	25	8	2	—	7	13	14	—	8	21	1	—	8	21	1

C. Die Brache.

33⅓	Morgen	Gerstenland	zweiter Klasse,
33⅓	"	Haferland	erster Klasse,
40	"	Haferland	zweiter Klasse,
71	"	neunjähriges Land.	
177⅔	Morgen	Brache.	

Nach den Taxationsgrundsätzen wird in der Mark Brandenburg keine Besäung der Brache gerechnet; weil, wenn davon was bestellet wird, die folgende Saat darunter wieder so viel leidet. Am allerwenigsten kann auf solchem Acker und bei solchen Umständen, als ich bei diesem Gute annahm, an eine Nutzung eines Theils der Brache mit Getreide, ohne Schaden der darauf folgenden Saat, gedacht werden. —

Dieses ist auch sehr natürlich; weil der zur Bestellung der Brache erforderliche mehrere Dünger dem übrigen Acker entzogen wird, dieser also dagegen schlechtere Erträge geben muß, als wenn der auf das in der Brache zu bestellende Land besonders zugebende Dünger auf ihn mit vertheilt worden wäre. Eigentlich müßten auf denjenigen Acker, wenigstens auf den Gerstenacker zweiter Klasse, wovon jährlich die Hälfte der Brache bestellet werden soll, welcher also fünf Jahre Getreide tragen und nur das sechste Jahr ruhen soll, auf jedes Jahr, worin er trägt, zwei Fuder Mist, folglich in sechs Jahren zweimal Mist, à fünf Fuder, gegeben werden, wo fern man von solcher häufigen Bestellung, bei so weniger Ruhe, reiche Früchte erwarten will. Bei der Ruhe der Koppelwirthschaft habe ich auf den zu bestellenden Morgen jährlich 1⅓ Fuder angenommen.

Nach den Taxationsgrundsätzen, Seite 815, §. 19, Const Brand. de 1777, wird in der Mark auf denjenigen Acker, welcher drei Jahre nach einander bestellet wird und nur das vierte Jahr ruhet, welcher also eigentlich in vier Feldern bewirthschaftet wird, und noch mehr ruhet, als wenn in drei Feldern die halbe Brache bestellet wird, bei einer 6jährigen Düngung, 1 ganzes Korn weniger, bei einer vierjährigen Düngung, drei Viertel Korn weniger im Ertrage veranschlagt, als geschiehet, wenn er, bei solcher Düngung, das dritte Jahr wirklich Brache liegt und ruhet. Es kann auch nicht so stark ausgesäet werden, und die Weide auf der Brache wird auch geringer gerechnet, als wenn die Brachruhe im dritten Jahre gegeben wird. Dabei pflegt noch das Getreide sehr unrein gewonnen zu werden.

Ich nehme einen Acker von 399 Morgen Gerstenland zweiter Klasse in sechsjähriger Düngung an:

a) **Wenn die Brache nicht bestellet wird,**

266 Morgen Winterung und Sommerung,	W.	Schfl.	M.	Korn,	W.	Schfl.	M.
à 17 Metz. Aussaat, sind	11	18	10	zu 4½	52	23	13

133 Morgen bleiben zur Brache.

b) **Wenn die Hälfte der Brache mit bestellet wird.**

266 Morgen Winterung und Sommerung,	W.	Schfl.	M.	Korn,	W.	Schfl.	M.
à 17 M. Auss. sind	11	18	10	zu 3½	41	5	3
66½ Morgen als die Hälfte der Brache, à 17 M. Aussaat sind	2	22	2	zu 3½	10	5	7
332½ Mg. Sum. d. Auss.	14	16	12	d. Ertrags	51	10	10

66½ Morgen nur bleiben zur Brache. Also bei einer mehrern Aussaat von	W. 2	Schfl. 22	M. 2	ist dennoch	W. 1	Schfl. 13	M. 3

wenigerer Ertrag. Man rechne den Werth der mehrern Aussaatkorns, der mehrern Arbeit und der wenigern und dazu noch schlechtern Brachweide dazu; so wird man den wahren Schaden finden, wenn man dabei noch erwägt, daß so bestelltes und dabei nur so gedüngtes Land desto öfter Rocken und Hafer, und dagegen desto weniger oft Weitzen und Gerste tragen kann. Man kann sich auch leicht berechnen, wie viel geringer noch der Ertrag des Ganzen seyn müsse, wenn man sogar von in neunjährigem Dünger stehendem Lande in der Brache besäen will, wo man dann solches in der Brache zu bestellendes Land allerwenigstens in den vorstehenden sechsjährigen Dünger zu bringen hat, das übrige also deshalb noch dazu in eine zwölfjährige Düngung zurück gebracht, oder ein Theil wol gar gänzlich ungedüngt bleiben und dadurch dreijähriges Land werden muß.

Hieraus entsteht zugleich noch unmerklich ein Beweis mehr für die Güte der Koppelwirthschaft und deren nützlichen Anwendbarkeit. Ueberdies wird man leicht überschlagen können, unter welchen Umständen des Bodens und der Düngung, auch wie weit die Bestellung eines Theils der Brache in den beliebten drei Feldern nützlich zu gestatten sey. — In der Regel keine Bestellung eines Theils der Brache, so lange noch dreijähriges Land vorhanden ist, und so lange der Acker überhaupt nur in einer sechsjährigen Düngung steht. — —

Ich gehe nun wieder zu dem vorstehenden Acker zurück, welcher hier veranschlaget werden soll. Er lag, nach der gemachten Beschreibung, in der mittlern Gegend des Glien- und Löwenbergschen Kreises, und der Boden war nicht sehr grasreich.

Hier rechnet man, Const. Brand. de anno 1777 pag. 863. daß auf 1 Winspel Rockenaussaat, höchstens weiden können:

	Stück	Rindvieh		Schafe.
beim Gerstenlande,	2	=	und	30
beim Haferlande,	1	=	und	30
beim 6jährigen Lande	—	=		20

Diesemnach sollen auf der vorgedachten Brache Grasung finden:

	M.		W.	S.	M.			St. Rdv.			Schafe.
auf	$33\frac{1}{3}$	od.	1	7	4	Rockenausſ.	im Gerstenl.	$2\frac{3}{4}$	=	und	$39\frac{1}{16}$
	$73\frac{1}{3}$	od.	2	4	8	=	im Haferld.	$2\frac{3}{16}$	=	und	$65\frac{5}{8}$
	71	od.	1	20	6	=	im 9jähr. Ld.	—	=		$36\frac{23}{96}$

Zusammen $4\frac{1}{2}$ St. Rdv. und 141 Schafe.

Dieser geringe Viehstand stimmt nicht mit dem wirklichen, welchen man auf solchen Gütern gewöhnlich findet. Aber die Vorschrift wollte nicht, daß das Rindvieh die Wiesen, wie auf dergleichen Gütern geschiehet, verderben sollte u. s. w. Deshalb konnten diese Gesetze nicht mehreres Vieh veranschlagen.

Ich habe gesagt, ich wollte der Wirthschaft in drei Feldern so viel möglich zu gute rechnen, und dieserhalb sey mir erlaubt anzunehmen, es werden

6 Stück Rindvieh und 150 Schafe

gehalten

Unter Rindvieh sollte ich freilich das nöthige Zugvieh verstehen; es sey mir aber erlaubt, solches bei dem Ertrage als sechs Stück Melkkühe zu veranschlagen.

Diesemnach wird der Ertrag folgendergestalt zu stehen kommen:

1) Vom Getreidebau.

W.	S.	M.		Thl.	Thl	Gr.	Pf.	Th.	Gr.	Pf.
4	9	—	Rocken, à	18	78	18	—			
3	13	8	Hafer à	10	35	15	—			
—	22	9	Gerste à	14	13	3	10			
								127	12	10

2) Vom Wiesewachs.

21 Morgen à 1 Thlr.	,	,	21	—	—

3) Von der Viehzucht.

	Th.	Gr.	Pf.			
6 Kühe bei solcher Weide, à 3 Th.	18	—	—			
150 Schafe, à 21 Thl.	31	12	—			
die Schweinezucht à 1 Th pro W. Winterausaat , ,	3	17	6			
die Federviehzucht, à 12 Gr. p. W. Gerstenaussf. 9 Gr. à 8 Gr. p. W. Haferaussf. 1 Th. 1 Gr.	1	10	—			
				54	15	6
Summa des Ertrages in drei Feldern				203	4	4

b) In neun Schlägen.

Bei der Balanzirung einer Wirthschaftsart gegen eine andere kann man nicht die eine als neu, die andere als alt, und als schon lange eingerichtet annehmen. Bei dieser Koppelwirthschaft muß also vorausgesetzt werden, daß der Zirkel aller wenigstens schon einmal gänzlich beendet sey. Cfr. Gen. Tax. Prin. i

Von den 400 Morgen erhielten in drei Feldern 320 Morgen, in neun Jahren, schlechten Mist 1280 Fuder; 80 Morgen neunjähriges Land gar keinen Dünger. In der Koppelwirthschaft erhielten 400 Morgen 2646 Fuder, also in gleicher Zeit noch mal so viel, bei mehrerer und zwecklicherer Ruhe, bei besserer Berasung, beim Kleebau, welcher, wenn er nur zwei Jahre steht, dem Acker besonders nützlich ist; bei besserer Beackerung überhaupt, bei Reinhaltung des Ackers vom Unkraute, bei im Herbste vorher geschehender tiefen Aufpflügung des zur Sommerung bestimmten Feldes, und bei Anwendung der so nützlichen Walze.

Es kann daher angenommen werden, der Acker habe sich um einen Grad verbessert; er sey also nunmehr ein Viertel erstes, ein viertel zweites Gerstenland, ein Viertel erstes, ein Viertel zweites Haferland geworden.

Ich werde nur annehmen:

	Klasse.		Morg.		Morg.
$\frac{1}{4}$ Gerstenland	2ter	sind	100.	In 3 Feldern waren	100
$\frac{2}{4}$ Haferland	1ster	sind	200.	In 3 Feldern waren	100
$\frac{1}{4}$ Haferland	2ter	sind	100.	In 3 Feldern waren	120,
				und 9jähriges Land	80
			400 Morgen.		400 Morg.

Da der Acker, bei der nützlichen Ruhe und bei dem Kleebau, auf den tragenden Morgen jährlich $1\frac{1}{3}$ Fuder Mist erhält; so wird er auch als Land von dreijähriger Düngung angenommen, und darnach richtet sich die Berechnung des Ausfalles und des Ertrages. Spec. Tax. Princ. de 1782 p. 29.

Die Holsteiner rechnen sich auf die Ruhe der Koppelwirthschaft zwei bis drei Körner mehr im Ertrage, als bei der Wirthschaft in drei Feldern. Die Märkschen Taxations - Principia nehmen nur an:

ein halbes Korn mehr, wenn die Hälfte des Ackers ruhet,
ein ganzes Korn mehr, wenn über die Hälfte ruhet.

Diese Grundsätze werde ich wieder befolgen. — Hier ruhen fünf Neuntel, inklusive des Klees.

In diesen Acker können, bei der Düngung in Koppeln, jährlich 12 Morgen mit Erbsen, und allenthalben kann Buchweitzen bestellt werden. — Beide sind dem darauf folgenden Rocken nützlich.

Der Buchweitzen wird gewöhnlich dem Hafer, die Erbsen werden dem Rocken gleich geachtet. — Mit dem Buchweitzen mag solches in der Mark deshalb geschehen, weil ihm allemal das ausgezehrteste, magerste Land angewiesen wird. Deshalb wird auch sein Einfall gewöhnlich nur sehr geringe gerechnet. — In der Koppelwirthschaft ist solches nicht, und die Holsteiner schätzen ihn daher auch billig der Gerste gleich; weil er mit ihr einerlei Preis hat, und auf im Stande gehaltenen Feldern oft das zwölfte, dreizehnte Korn giebt.

Ich möchte gern, wie bei der Berechnung des Ertrages der Koppelwirthschaft gegen die in drei Feldern allenthalben, auch hier das geringste annehmen, und meine es dann zu thun, wenn ich Buchweitzen, Kartoffeln und Erbsen zusammen genommen, der Gerste, beim Geldertrage, gleich anschlage.

Der Morgen Kartoffeln wird sonst zu 3 Thl., dem Gartenlande gleich veranschlaget, und der Morgen giebt 24 bis 30 Scheffel.

Nach dieser Erklärung wird nichts dagegen seyn können, daß ich, der Kürze wegen, die Erbsen, den Buchweitzen und die Kartoffeln zusammen, der Gerste in allem gleich setze.

Nach diesen Vorerinnerungen wird der Einfall und der Einschnitt anzuschlagen seyn:

a) Aussaat.

bei $\frac{1}{4}$ Gerstenland à Morgen	17 M. Rock.	19 M. Gerste	M. Hafer.
$\frac{2}{4}$ 1stes Haferl. à „	16 „ „	17 „ „	17 „ „
$\frac{1}{4}$ 2tes Haferl. à „	16 „ „	17 „ „	17 „ „
Im Durchschnitt à Morgen	$16\frac{1}{4}$ M. Rock	$17\frac{2}{3}$ M. Gerste	17 M. Hafer

b) Ertrag.

von $\frac{1}{4}$ Gerstenland das	$5\frac{1}{2}$ Korn Rock.	$4\frac{1}{2}$ Korn Gerste	Hafer.
von $\frac{2}{4}$ 1stes Haferl. „	$4\frac{1}{2}$ „ „	$4\frac{1}{2}$ „ „	5 Korn „
von $\frac{1}{4}$ 2tes Haferl. „	$4\frac{1}{2}$ „ „	$4\frac{1}{2}$ „ „	5 „ „
Im Durchschnitt	$4\frac{3}{4}$ Korn Rock.	$4\frac{1}{2}$ Korn Gerste	5 Korn Haf.
Hierzu, wegen der $\frac{5}{9}$tel Ruhe in der Koppelwirthschaft	1 „ „	1 „ „	1 „ „
Zusammen	$5\frac{3}{4}$ Korn Rock.	$5\frac{1}{2}$ Korn Gerste	6 Korn Haf.

Es möchte auffallen, daß bei der Ausmittelung des Einfalles und des Ertrages an Gerste, auch das Haferland als damit bestellt angenommen worden, wodurch der Einfall der Gerste statt 19 Metzen, nur 17⅔ Metzen im Durchschnitte bleibt. — Es ist deshalb geschehen, weil Kartoffeln und Buchweitzen in das Haferland bestellt werden, und diese, nebst den Erbsen, im Geldertrage als Gerste veranschlagt worden.

Dagegen konnte der Hafer nicht mit auf das Gerstenland gerechnet werden, wodurch sein Einfall und Einschnitt höher anzusetzen gewesen seyn würde; weil er, nach dem gemachten Plan, auf den Gerstenacker nicht kommen wird.

Ich werde noch mehr thun und bei der Aussaat die Brüche weglassen, wodurch der Ausfall an Rocken noch eine Viertel Metze, an Gerste aber, und was ihr gleich geachtet werden soll, zwei Drittel Metze weniger auf den Morgen angenommen wird.

Der Einfall und die Erträge bleiben in der Koppelwirthschaft dennoch merklich höher, als in drei Feldern; ungeachtet sie nur nach dem Taxations-Reglement angenommen worden, bloß wegen der mehrern Düngung und wegen der längern Ruhe.

Ertrag in neun Schlägen.

Morgen.	pro Morgen Metzen	Einfall. Summa der Aussaat W.	S.	M.	Getreidearten.	Das wievielste Korn	Einschnitt. Summa des Einschnitts. W.	S.	M.	Zur Saat. 1. Korn. W.	S.	M.	Zur Wirthschaft. Korn.	W.	S.	M.	Zur Arrende. Korn.	W.	S.	M.
88	16	3	16	—	Rocken . .	$5\frac{3}{4}$	21	2	—	3	16	—	2	7	8	—	$2\frac{3}{4}$	10	2	—
56	17	2	11	8	Gerste . .	$5\frac{1}{2}$	13	15	4	2	11	8	2	4	23	—	$2\frac{1}{2}$	6	4	12
					nämlich:															
					12 M. Gerste															
					12 — Erbsen															
					32 — Buchweitzen und Kartoffeln															
					56 M.															
32	17	1	10	—	Hafer . .	6te	8	12	—	1	10	—	2	2	20	—	3	4	6	—
176	—	7	13	8	Summa . .	—	43	5	4	7	13	8	—	15	3	-	—	20	12	12

Einnahme.

1) Vom Getreidebau.

W.	S.	M.		Thl.	Thl.	Gr.	Thl.	Gr.
10	2	—	Rocken à	18	181	12		
6	4	12	Gerste à	14	86	8		
4	6	—	Hafer à	10	41	12		
							310	8

2) Vom Wiesewachs und Kleebau.

	Thl.	Gr.	Thl.	Gr.
21 Morgen Wiesewachs dürfen nun nicht mehr im Frühjahr beweidet werden. Ich will dennoch nur wieder annehmen die in, drei Feldern aufgeführte	21	—		
44 Morgen Kleeheu, nur à 1 Thl. 8 Gr.?	58	16		
			79	16

3) Von der Viehzucht.

	Thl.	Gr.
250 Stück Schafe. Sie erhalten die schlechteste Koppel à 44 Morgen für sich allein; außerdem die Stoppel bis sie umgepflügt wird, und diejenigen übrigen Weidekoppeln, worauf das Rindvieh dieses Jahr nicht mehr weidet; im Winter alle Koppeln. — Es ist nämlich angenommen, daß außer dem Ackerfelde keine Schafweide vorhanden sey. — Bei der schlechtern Weide und bei dem wenigen Heu in drei Feldern wurde das 100 zu 21 Thlr. veranschlagt. Ich will, bei den bessern Umständen der Koppelwirthschaft, die Nützung dennoch nur derjenigen in drei Feldern gleich annehmen, also 250 Schafe à 21 Thlr.	52	12
33 Stück Kühe auf drei Koppeln, à 44 Morgen, nur zu 1 Thlr. mehr, als auf der Brachweide, also à 4 Thl.	132	8

L. 390 Th. — Gr.

			Thl.	Gr.
		Transp.	390	—
Die Schweinezucht, nach der Winteraussaat à 1 Thl, p. Winspel	3 Thl. 16 Gr.			
Desgl. auf jede Melkkuh 8 Gr.	11 —	Thl. Gr.		
		14 16		
Das Federvieh, wie in drei Feldern		1 10		
Für Ausmerzkühe weil sie noch auf die Kosten der Zuzucht und der Sterbefälle obeneingerechnet werden sollen.		— —		
			200	22
Summa des Ertrages in 9 Schlägen			590 Th.	22 Gr

Balance

dieser Wirthschaft in 9 Schlägen gegen die in 3 Feldern.

Bestellungsarten.	Aussaat.			Wirthschafts-Korn.			Zum Verkauf.			Einnahme. Vom Wiesewachs und von der Viehzucht.			Einnahme. Summa von Getreide, Wiesen und Vieh.		
	W.	S.	M.	W.	S	M.	W.	S.	M.	Rthlr.	Gr.	Pf.	Rthlr.	Gr.	Pf.
In 9 Schlägen . . .	7	13	8	15	3	—	20	12	12	280	14	—	590	22	—
In 3 Feldern . . .	7	13	14	8	21	1	8	21	1	75	15	6	203	4	4
In 9 Schlägen Plus . .	—	—	—	6	5	15	11	15	11	204	23	6	387	17	8
In 9 Schlägen Minus	—	—	6												

Vielleicht möchte mir der Vorwurf gemacht werden, daß ich bei diesem Gute von in drei Feldern gewesenen schlechten Ländereien, in der Bewirthschaftung desselben, durch eine schon eingerichtete Koppelwirthschaft, einen zu starken Viehstand angenommen hätte, und daß mich das Taxations-Reglement nur berechtigte, etwa 18¼ Stück Rindvieh und 213⅓ Stück Schafe auf diese Weide von 176 Morgen anzusetzen.

Ich erwiedere,

1) Dieses Reglement bestimmt nur den Viehstand auf einer zweijährigen Brache; worin sich dieselbe schon an und vor sich nicht so gut berasen kann, als in einer, welche, wie hier, vier Jahre dauert.

2) Diese vierjährigen Weidekoppeln sind nicht kommün, wie jene. Sie sind eingefriediget, sie sind auch mit Wällen und mit Bewachsung von lebendigem Holze umgeben, welche den Graswuchs, aus den schon angeführten Gründen, befördern.

3) Sie werden nicht, wie bei zweijähriger Brache, sämmtlich zu gleicher Zeit, sondern eine Koppel nach der andern mit dem Vieh betrieben, und die abgegrasete Koppel wird, zum bessern Wiederanwuchs des Grases, geschont.

4) Sie gehen in dünglichem Stande, nicht ausgemärgelt, in die Grasung über, worauf bekanntlich der gute Graswuchs sehr mit ankommt.

5) Die Holsteiner rechnen auf solche Weidung, bei nicht grasreichem Boden, nur vier Morgen, wie hier geschehen ist. Ein Viertel dieser Weidekoppeln enthält aber Gerstenland; zwei Viertel enthalten gutes Haferland, und nur ein Viertel ist Haferland zweiter Klasse. — Die Rechnung ist also auch unter der Holsteinischen.

6) Die Weidekoppeln sind auch wol überdies mit Klee und andern angerathenen Gräsern ganz, oder doch zum Theil, bestellet worden.

Bei diesen Umständen halte ich mich, nach dem gedachten *Reglement selbst, verbunden, solche Koppeln allerwenigstens* den nicht eingezäunten, sondern kommünen Angerhütungen von minderer Güte des Bodens auf der

Höhe im Ganzen gleich zu achten, und bei diesen setzet das Reglement:

auf 10 Morgen 2 Stück Rindvieh und 20 Schafe; sind
auf 176 „ $35\frac{1}{5}$ „ „ und 341 Schafe. — Ich nahm dennoch nur
an: 33 „ „ und 250 Schafe nebst der Zuzucht; also

weniger $2\frac{1}{5}$ Stück Rindvieh und 91 Schafe. Diese mag man auf die Zuzucht rechnen. — Auf privativen und eingezäunten Anger solcher Art rechnet das Reglement auf 10 Morgen 6 Stück Rindvieh.

Ich bin also auf alle Fälle, meinem Vorhaben gemäß, auch hier diesseit der Gränze des Uebertriebenen geblieben. Nahm ich an, daß der Wirth die Grasung, auf die von mir vorgeschriebene leichte Art, wie billig zu erwarten stehet, vermehrte; so blieb ich sehr weit diesseit solcher Gränze.

Wenn ich also das Gerstenland und das Haferland, den höheren und den tieferen Acker zusammen nehme, und davon im Durchschnitte vier Morgen auf ein Stück Rindvieh, nebst der Zuzucht rechene; so denke ich dann zugleich auch der Behauptung,

> Daß es bei bergichten, in der Mark Brandenburg eigentlich nur hügelichten Ländereien, gar nicht angehe die Koppelwirthschaft einzuführen,

begegnet zu haben. — Man sagt nämlich:

Wie kann der Berg eine vorzügliche Grasung geben? — Wo Berge in der Mark Brandenburg sind, da sind auch Thäler. Diese übertragen die Gipfel der ackerbaren Berge in der Mark durch das desto reichlichere Gras, welches sie geben, und es ist dem Vieh gesund, beide Arten Grasung zu genießen. — Das Gras steht bei einem vierjährigen Stande auch voller, als bei dem einjährigen. Der Berg giebt also in solcher längern Ruhe auch mehr Gras als in drei Feldern. Nur giebt er nicht so vieles Gras, als in solcher Ruhe die zum starken Graswuchse von Natur geneigteren Thäler und Ebenen; es kommt aber auch nur bloß darauf an, daß die bergichte

Gegend in der Koppelwirthschaft mehreres Gras, als bei ihrer Bestellung in drei Feldern gebe.

Der Gipfel eines Berges aber, welcher gar nicht eine merkliche Grasung gewährt, besteht aus Sand und Kies, und der trägt auch kein merkliches Korn, welches noch höher wachsen muß. Ein solcher Berg gehört daher dem Nadelholze, nicht dem Getreidebau.

Aber, möchte man noch einwenden, warum die Thäler die wenigere Grasung der Berge ersetzen lassen, warum jene nicht in Koppeln, diese in drei Feldern bewirthschaften? — Außer den in vorstehendem mit enthaltenen Gründen, deshalb nicht;

1) Weil sich der Theil nach dem Ganzen richten muß, nicht das Ganze sich nach einem kleinen Theile desselben hier nützlich richten kann, und die Gipfel der Anhöhen, der Hügel, in der Mark, sind doch wol nicht mehr als eine Kleinigkeit, gegen ihre weiteren Ebenen und Thäler?

2) Weil auch diesen Gipfeln die drei- und vierjährige Ruhe zu einem guten Getreidebau zuträglicher ist, als die nur einjährige Ruhe, und die Koppelwirthschaft nicht allein die Erweiterung der Viehzucht zur Absicht haben soll, sondern auch vorzüglich die Verbesserung des Getreidebaues.

3) Weil die Gipfel solcher Hügel, welche bei uns mit einigem Nutzen in drei Feldern beackert werden, in der Koppelwirthschaft noch durch einige der angezeigten Grasarten, grasreicher gemacht werden können, zu deren Anbau die einjährige Ruhe nicht Zeit genug hat.

4) Weil auch der Landmann von solchem Vieh am meisten halten soll, wovon er auf seinem Boden den meisten Nutzen hat, mehrere Schafe oder mehrere Kühe, je nachdem sich seine Weidung mehr für jene, oder für diese schicket. Eine für Kühe magere Weide kann noch eine vortheilhafte für Schafe seyn.

c) In zehn Schlägen.

Die Aussaat auf den Morgen wird der in neun Schlägen gleich seyn. Der Ertrag aber ist, nach dem Taxations-Reglement, um ein halbes Korn weniger anzunehmen, weil, inklusive des Klees, nur die Hälfte des Ackers ruhet.

Jede der 10 Koppeln wird etwa 40 Morgen enthalten, und das Gut dürfte in folgender Art zu bewirthschaften seyn:

I.	40	Morgen.	20 M. Gerste. 20 = Kartoffeln.
II.	40	=	Rocken.
III.	40	=	20 = Gerste. 20 = Hafer. } worin zugleich Klee bestellet wird.
IV.	40	=	Klee.
V.	40	=	20 = Erbsen. 20 = Buchweitzen.
VI.	40	=	Rocken.
VII.	40	Weide erstes Jahr.	
VIII.	40	= zweites =	
IX.	40	= drittes =	
X.	40	= viertes =	

Die Kartoffeln, die Erbsen und der Buchweitzen, sollen wieder, im Einfalle und Werth, der Gerste gleich geschätzet werden. — Uebrigens alles nach den Regeln in neun Schlägen.

Aussaat und Ertrag der 400 Morgen in 10 Schlägen.

Morgen.	pro Morgen Metzen	Einfall. Summa der Aussaat W.	S.	M.	Getreidearten.	Das wievielste Korn	Einschnitt. Summa des Einschnitts. W.	S.	M.	Zur Saat. 1. Korn. W.	S.	M.	Zur Wirthschaft. Korn.	W.	S.	M.	Zur Arrende. Korn.	W.	S.	M.
80	16	3	8	—	Rocken . .	$5\frac{1}{4}$	17	12	—	3	8	—	2	6	16	—	$2\frac{1}{4}$	7	12	—
100	17	4	10	—	Gerste, Erbs. Kart. Buch.	5te	22	2	—	4	10	—	2	8	20	—	2	8	20	—
20	17	—	21	—	Hafer . .	$5\frac{1}{2}$	4	19	8	—	21	—	2	1	18	$2\frac{1}{2}$	$2\frac{1}{2}$	2	4	—
200	—	8	15	—	Summa . .	—	44	9	8	8	15	—	—	17	6	—	—	18	12	—

Einnahme.

1) Vom Getreidebau.

M.	S.		Thl.	Gr.	Thl.	Gr.
7	12	Rocken, à 18 Thl.	135	—		
8	20	Gerste, Erbsen, Kartoffeln und Buchweitzen à 14 Thl.	123	16		
2	4	Hafer à 10 Thl.	21	16		
					280	8

2) Vom Wiesewachs.

		Thl.	Gr.	Thl.	Gr.
21	Morgen Wiesen	21			
40	" Klee, à 1⅓ Thl.	53	8		
				74	8

3) Von der Viehzucht.

				Thl.	Gr.	Thl.	Gr.
250	Schafe, à 21 Thl.			52	12		
30	Kühe, à 4 Thl.			120	—		
	Die Schweinezucht, auf die Aussaat der Winterung	3 Thl.	8 Gr.				
	auf jede Kuh 8 Gr.	10	—				
				13	8		
	Federvieh			1	10		
						187	6

Summa des Ertrages in 10 Schlägen 541 Thl. 22 Gr.

Balance
dieser Wirthschaft in 10 Schlägen gegen die in 9 Schlägen.

Bestellungsarten.	Aussaat.			Wirthschafts-Korn.			Einnahme. Zum Verkauf.			Vom Wiesewachs und von der Viehzucht.			Summa von Getreide, Wiesen und Vieh.		
	W.	S.	M.	W.	S.	M.	W.	S.	M.	Rthlr.	Gr.	Pf.	Rthlr.	Gr.	Pf.
In 10 Schlägen . .	8	15	–	17	6	–	18	12	–	261	14	–	541	22	–
In 9 Schlägen . .	7	13	8	15	3	–	20	12	12	280	14	–	590	22	–
In 10 Schlägen Plus .	1	1	8	2	3	–	–	–	–	–	–	–	–	–	–
In 10 Schlägen Minus	–	–	–	–	–	–	2	–	12	19	–	–	49	–	–

Dieses Minus entsteht mit daher, weil in dem oft angeführten Reglement vorgeschrieben ist:

wenn nur die Hälfte des Ackers zur Ruhe gegeben wird; so solle bei der Koppelwirthschaft nur ein halbes Korn mehr als in drei Feldern angenommen werden,

und ich habe mir vorgenommen, von dieser Vorschrift hier nicht abzugehen.

Dieses Reglement kann aber den Landmann nicht bestimmen, der höhern Taxe seines Guts wegen, seine Aecker lieber in neun als in zehn Schlägen zu bewirthschaften. Denn es steht zu erwarten, daß erprobte Erfahrung diese Vorschrift abändern wird, welche schon verlangt, daß man auf Dresch-Register und andere Umstände Rücksicht nehmen soll.

Gegen die Wirthschaft in drei Feldern ist der höhere Ertrag in zehn Schlägen:

338 Thlr. 17 Gr. 8 Pf.

Die Getreidearten sind hier deshalb, wie geschehen, berechnet worden; weil angenommen ist, dasselbe Gut von 400 Morgen sey bisher in neun Schlägen bewirthschaftet und dadurch so kultivirt worden, daß es mit Nutzen nunmehr in zehn Schläge zu legen sey, und daß nun die angesetzten Getreidearten darin bestellt werden können.

§. 68.

B. Das Gut von 800 Morgen.

a) In drei Feldern.

Nach Seite 90 enthält dieses Gut von 800 Morgen Acker

an Weitzenland	2ter Klasse	150 Morgen,	
an Gerstenland	2ter Klasse	200	;
an Haferland	1ster Klasse	200	;
an Haferland	2ter Klasse	50	;
an neunjährigem Lande		80	; wovon jährlich 9 Morgen mit Rocken bestellet wurden, und
an beständigem Weideanger		120	

Die ersten 600 Morgen standen in sechsjähriger Düngung, wornach sich die Angabe der Aussaat und des Einschnittes richtet.

Wenn der Acker in sechsjähriger Düngung stehet; so kann beim zweiten Weitzenacker, in sechs Jahren nur einmal Weitzen, aber zweimal Gerste; beim zweiten Gerstenlande nur einmal Gerste gesäet werden. Der Weitzenacker erhält zur zweiten Winterung Rocken, der Gerstenacker zur zweiten Sommerung Hafer.

Aussaat und Ertrag der 800 Morgen in 3 Feldern.

Morgen.	Einfall auf 1 Morgen. Metz	Summa der Aussaat. W.	S.	M.	Acker- und Getreidearten.	Das wievielste Korn	Einschnitt. Summa W.	S.	M.	Zur Saat. Körner.	W.	S.	M.	Zur Wirthschaft. Körner.	W.	S.	M.	Zur Arrende. Körner.	W.	S.	M.
					A. Winterung.																
					a) Weitzen.																
25	19	1	5	11	Im Weitzenlande 2ter Klasse	5	6	4	7	1	1	5	11	2	2	11	6	2	2	11	6
					S. p. sc.																
					b) Rocken.																
25	18	1	4	2	Rocken im 2ten Weitzenlande	5	5	20	10	1	1	4	2	2	2	8	6	2	2	8	6
66⅔	17	2	22	13	— im 2ten Gerstenlande	4½	13	6	10½	1	2	22	13	1¾	5	3	14¾	1¾	5	3	14¾
66⅔	14	2	10	5	— im 1sten Haferlande	4	9	17	4	1	2	10	5	1½	3	15	7½	1½	3	15	7½
16⅔	13	—	13	8	— im 2ten Haferlande	3½	1	23	4	1	—	13	8	1¼	—	16	14	1¼	—	16	14
9	10	—	5	10	— im 9jährigen Lande	3	—	16	14	1	—	5	10	1	—	5	10	1	—	5	10
184	—	7	8	6	Rocken. Summa	—	31	12	10½	—	7	8	6	—	12	2	3¾	—	12	2	3¾
209	—	8	14	1	Summa der Winterung	—	37	17	1½	—	8	14	1	—	14	13	9¾	—	14	13	9¾
					B. Sommerung.																
					a) Gerste.																
50	19	2	11	6	Gerste im 2ten Weitzenlande	5	12	8	14	1	2	11	6	2	4	22	12	2	4	22	12
33⅓	18	1	13	8	— im 2ten Gerstenlande	4	6	6	—	1	1	13	8	1½	2	8	4	1½	2	8	4
83⅓	—	4	—	14	Gerste. Summa	—	18	14	14	—	4	—	14	—	7	7	—	—	7	7	—
					b) Hafer.																
33⅓	17	1	11	6	Hafer im 2ten Gerstenlande	4	5	21	8	1	1	11	6	1½	2	5	1	1½	2	5	1
66⅔	16	2	18	10	— im 1sten Haferlande	4	11	2	8	1	2	18	10	1½	4	3	15	1½	4	3	15
16⅔	14	—	14	9	— im 2ten Haferlande	3½	2	2	15½	1	—	14	9	1¼	—	18	3¾	1¼	—	18	3¾
116⅔	—	4	20	9	Hafer. Summa	—	19	2	15½	—	4	20	9	—	7	3	3¾	—	7	3	3¾
200	—	8	21	7	Summa der Sommerung	—	37	17	13½	—	8	21	7	—	14	10	3¾	—	14	10	3¾
409	—	17	11	8	Summa des Getreidebaues	—	75	10	15	—	17	11	8	—	28	23	13	—	28	23	13

C. Die Brache.

50	Morgen	Weitzenland,
$66\frac{2}{3}$	"	Gerstenland,
$83\frac{1}{3}$	"	Haferland,
71	"	neunjähriges Land,
120	"	Anger.
391	Morgen.	

Dieses Gut gehöre, in Absicht der Grasung, auch zu den Ländereien der mittlern Güte. Darnach kann Vieh auf der Weide gehalten werden:

a) Auf der Brache, pro Winspel Rockenaussaat,			
auf Weitzen- und Gerstenland,	2 St. Rindvieh	u.	30 Schafe.
auf Haferland	" 1 "	"	" 30
auf 6jähriges Land	" — "	"	" 20
b) Auf den gemeinen Anger,			
auf 10 Morgen	2 "	"	" 20

Demnach ist bei diesem Gute Weide vorhanden und können im Sommer gehalten werden:

Morg.	W.	S.	M.			St. Rd.		Schafe,
auf $116\frac{2}{3}$	0.	5	7	1 Rockenauss.	Weitz. u. Gerstl.	$10\frac{2}{3}$	"	158
auf $83\frac{1}{3}$	0.	2	23	13 "	Haferland	3	"	90
auf 71	0.	1	20	6 "	9jährig. Land	—	"	36
auf 120	Anger					24	"	240
						$37\frac{2}{3}$ St. Rdv.		524 Schafe.
Davon an Zugochsen und Jungvieh, womit man nicht reichet,						$12\frac{2}{3}$ "	"	— "
					Bleibt Weide zu	25 St. Kühen		524 Schafen.

Diesem Viehstande wird es bei 50 Morgen Wiesewachs, wie gewöhnlich, sehr an Heu fehlen.

Der Ertrag wird folgender Gestalt seyn:

1) Vom Getreidebau.

W.	S.	M.		Thl.	Gr.	Pf.	Thl.	Gr.	Pf.
2	11	6	Weitzen à 22 Thl.	54	10	3			
12	2	—	Rocken à 18 Thl.	217	12	—			
7	7	—	Gerste à 14 Thl.	102	2	—			
7	3	—	Hafer à 10 Thl.	71	6	—			
							445	6	3

				Transp. 445	6	3
2) Vom Wiesewachs.						
50 Morgen, à 1 Thl.				50	—	—
3) Von der Viehzucht.						
25 Kühe, à 3 Thl.				75	—	—
500 Schafe, à 21 Thl.	105	—	—			
Die Schweinezucht	8	14	1			
Das Federvieh	3	16	—			
				192	6	1

Summa des Ertrages in 3 Feldern 687 Thl. 12 Gr. 4 Pf.

b) In dreizehn Schlägen.

Nach den Seite 106 angezeigten Gründen könnte in der Koppelwirthschaft auch dieser Acker als zu einem Grade höherer Bonität gelangt angenommen werden. Ich werde aber, bei dem Anschlage, nicht darauf Rücksicht nehmen.

Es sind hier 120 Morgen Anger hinzu gekommen, welche bis dahin nie beackert wurden. — Um mir die Berechnung zu erleichtern, nahm ich an, er enthalte 50 Morgen Weitzenland und 70 Morgen Haferland, beides nur von zweiter Klasse. Solcher Anger pflegt aber mit Weitzen und Gerste bestellt werden zu können.

Uebrigens wird hier verfahren, wie bei dem Anschlage des Guts von 400 Morgen in neun Schlägen angezeigt ist.

Hier wird nach den Taxations-Grundsätzen nur ein halbes Korn mehr im Ertrage, als bei gleicher Düngung in der Wirthschaft der drei Felder, angenommen; weil, inklusive der Kleekoppel, nur sechs Dreizehntel des Ackers jährlich ruhen.

Es sind demnach an Morgen vorhanden und es wird, bei der dreijährigen Düngung, gesäet und geerntet:

a) Aussaat.

M.	Klasse,	M. Weitz.	M. Rock.	M. Gerste.	M. Haf.
in 200 Weitzenland	2ter à	20 ſ	18 ſ	20 ſ	— ſ
in 200 Gerstenland	2ter à	— ſ	17 ſ	19 ſ	— ſ
in 200 Haferland	1ster à	— ſ	16 ſ	17 ſ	17 ſ
in 200 Haferland	2ter à	— ſ	16 ſ	17 ſ	17 ſ

Im Durchschnitt p. Mrg. 20 M W. $16\frac{1}{4}$ M R. $18\frac{1}{4}$ Gerste 17 M Haf.
Die Brüche sollen wieder nicht gerechnet werden.

b) Einschnitt.

	K. Weitzen,	K. Rocken,	K. Gerste	K. Hafer.
Von $\frac{1}{4}$ Weitzenacker	$5\frac{1}{2}$ ſ	$5\frac{1}{2}$ ſ	$5\frac{1}{2}$ ſ	— ſ
Von $\frac{1}{4}$ Gerstenacker	— ſ	$5\frac{1}{2}$ ſ	$4\frac{1}{2}$ ſ	— ſ
Von $\frac{1}{4}$ Haferl 1r Klasse	— ſ	$4\frac{1}{2}$ ſ	5 ſ	5 ſ
Von $\frac{1}{4}$ Haferl. 2r Klasse	— ſ	$4\frac{1}{2}$ ſ	5 ſ	5 ſ
Im Durchschnitt	$5\frac{1}{2}$ K. Weitzen	5 K. Rock.	5 K. Gerste	5 K Hafer
Hierzu wegen der Koppelwirthschaft	$\frac{1}{2}$ ſ	$\frac{1}{2}$ ſ	$\frac{1}{2}$ ſ	$\frac{1}{2}$ ſ
Summa das	6 K. Weitzen	$5\frac{1}{2}$ K. Rock.	$5\frac{1}{2}$ K Gerste	$5\frac{1}{2}$ K Haf.

Das Haferland ist wieder bei dem Gerstenlande auch mit berechnet worden; weil der Buchweitzen und die Kartoffeln, nebst den Erbsen, wie bei dem Anschlage des Guts in neun Schlägen, der Gerste gleich geschätzet werden sollen:

Aussaat und Ertrag der 800 Morgen in 13 Schlägen.

Morgen.	pro Morgen Metzen.	Aussaat. Summa. W.	S.	M.	Getreidearten.	Das wievielte Korn.	Einschnitt. Summa. W.	S.	M.	Korn.	Zur Saat. W.	S.	M.	Korn.	Zur Wirthschaft. W.	S.	M.	Korn.	Zur Arrende. W.	S.	M.
$30\frac{1}{2}$	20	1	14	—	Weitzen . .	6te	9	12	—	1	1	14	—	2	3	4	—	3	4	18	—
$152\frac{1}{2}$	16	6	8	—	Rocken . .	$5\frac{1}{2}$te	34	20	—	1	6	8	—	2	12	16	—	$2\frac{1}{2}$	15	20	—
					$91\frac{1}{2}$ M. Gerste																
					$30\frac{1}{2}$ M. Erbsen.																
					61 M. Buchweitzen																
					$30\frac{1}{2}$ M. Kartoffeln																
					sind gleich:																
$213\frac{1}{2}$	18	10	—	—	Gerste . .	$5\frac{1}{2}$te	55	—	—	1	10	—	—	2	20	—	—	$2\frac{1}{2}$	25	—	—
$30\frac{1}{2}$	17	1	8	—	Hafer . .	$5\frac{1}{2}$te	7	8	—	1	1	8	—	2	2	16	—	$2\frac{1}{2}$	3	8	—
427	—	19	6	—	Summa Getreide	—	106	16	—	—	19	6	—	—	38	12	—	—	48	22	—

Einnahme.

	Thl.	Gr.	Thl.	Gr.
1) Vom Getreide.				
Wspl. Schfl.				
4 18 Weitzen, à 22 Thl.	104	12		
15 20 Rocken, à 18 —	285	—		
25 — Gerste ꝛc. à 14 —	350	—		
3 8 Hafer à 10 —	33	8		
			772	20
2) Vom Wiesewachs.				
50 Morg. à 1 Thl. wie in 3 Feldern,	50	—		
61 Morg. Klee, à 1 — 8 Gr.	81	8		
			131	8
3) Von der Viehzucht.				
a) 350 Schafe, à 21 Thl. Diese erhalten zur Weide eine Koppel von 61 Morgen, die Stoppeln, jede Weidekoppel, wenn sie das Kuhvieh dasselbe Jahr nicht mehr nützet, also auch im Winter; im Herbst die Wiesen.	73	12		
b) 61 Kühe auf 4 Weidekoppeln, à 61 Morgen zu 4 Thl.	244	—		
c) Die Schweinezucht, à 1 Th. p. W. Winter. 7 T. 22 G. und à 8 G. auf jede Kuh 20 — 8 —	28	6		
d) Das Federvieh, wie in 3 Feldern	3	16		
			349	10

Summa des Ertrages in 13 Schlägen 1253 Th. 14 Gr.

Balance
dieser Wirthschaft in 13 Schlägen gegen die in 3 Feldern.

Bestellungsarten.	Aussaat.			Zur Wirthschaft.			Zur Arrende.			Einnahme. Von Wiesen und Vieh.			Einnahme. Summa von Getreide, Wiesen und Vieh.		
	W.	S.	M.	W.	S.	M.	W.	S.	M.	Rthlr.	Gr.	Pf.	Rthlr.	Gr.	Pf.
In 13 Schlägen . .	19	6	—	38	12	—	48	22	—	480	18	—	1253	14	—
In 3 Feldern . .	17	11	8	28	23	13	28	23	13	242	6	1	687	12	4
In 13 Schlägen Plus .	1	18	8	9	12	3	19	22	3	238	11	11	566	1	8

§. 69.

Ich kann mich nicht in Streit einlassen, wenn mir vorgeworfen werden sollte, daß ich, bei den gesetzten Umständen, die Erträge bei der Wirthschaft in drei Feldern zu hoch, dagegen bei der Koppelwirthschaft zu niedrig angenommen hätte. — Wer wird bei solcher Koppelweide und bei solcher Heuwerbung, das Hundert Schafe nur zu 21 Thl., die Kuh nur zu 4 Thlr., und wer wird den Morgen Kleeheu nur zu 1 Thl. 8 Gr. nützen? — Wer wird auch, zumal wenn die Grasung durch die Gras- und Kleesämereien verbessert und vermehrt worden, nicht mehr Vieh, als Eine Kuh nebst dem Jungvieh, auf vier Morgen solchen Landes halten; da man schon auf die schlechtesten Anger der Höhe so viel annimmt? — Die Holsteiner würden finden, daß ich meinen Vorsatz, der Wirthschaft in drei Feldern so viel nur angeht, der Koppelwirthschaft dagegen so wenig als möglich, zu gute rechnen zu wollen, zu sehr vor Augen gehabt habe, besonders auch dadurch, daß ich hier den Ertrag nur um ein halbes Korn höher rechne.

Möchten dagegen Wirthe aus drei Feldern mir dennoch anhaben wollen, daß ich zwar, bei diesen 800 Morgen, in ihrer Bestellung Weide für die Jochochsen gerechnet habe, aber nicht bei der Koppelwirthschaft; so bemerke ich, daß die Holsteiner, wenn sie auf dergleichen Boden so viele Weide auf eine Kuh geben, die Pferde, da sie nicht mit Ochsen pflügen, darauf obenein rechnen, und darauf keine Weide abziehen. — Will man damit noch nicht zufrieden seyn; so sehe man, außer der Fütterung der Pferde mit grünem Klee, das mehrere Wirthschaftskorn an.

§. 70.

Wie würden sich diese Bestellungen in neun, zehn und dreizehn Schlägen gegen die in drei Feldern verhalten, wenn kein zu verbesserndes neunjähriges Land, und keine unter Pflug zu bringende Anger vorhanden gewesen wären?

a) Die 400 Morgen in drei Feldern und in neun Schlägen.

	Vom Ackerbau.			Wiesewachs und Viehzucht.			Summa.		
	Thl.	Gr.	Pf.	Thl.	Gr.	Pf.	Thl.	Gr.	Pf.
329 M. in 3 Feldern trugen	127	12	10	75	15	6	203	4	4
400 ; in 3 Feldern werden also tragen	155	—	—	75	15	6	230	15	6
400 M. in 9 Schlägen tragen	310	8	—	280	14	—	590	22	—
Also in 9 Schlägen mehr	155	8	—	204	22	6	360	6	6

b) Die 400 Morgen in drei Feldern und in 10 Schlägen.

	Ackerbau.			Wiesewachs und Vieh.			Summa.		
	Thl.	Gr.	Pf.	Thl.	Gr.	Pf.	Thl.	Gr.	Pf.
400 Morgen in 3 Feldern tragen	155	—	—	75	15	6	230	15	6
400 Morgen in 10 Schlägen	280	8	—	261	14	—	541	22	—
Also in 10 Schlägen mehr	125	8	—	185	22	6	311	6	6

c) Die 800 Morgen in drei Feldern und in dreizehn Schlägen.

	Ackerbau.			Wiese und Vieh.			Summa.		
	Thl.	Gr.	Pf.	Thl.	Gr.	Pf.	Thl.	Gr.	Pf.
609 M. in 3 Feldern tragen	445	6	3	242	6	1	687	12	4
800 ; in 3 Feldern werden tragen	584	12	—	242	6	1	826	18	1
800 M. in 13 Schlägen	772	20	—	480	18	—	1253	14	—
Also in 13 Schlägen mehr	188	8	—	238	12	—	4[illegible]6	19	11

§. 71.

Demnach können, bei den angenommenen mindesten Sätzen, die Erträge derjenigen äußerst wenigen Güter in drei Feldern, welche keine unter Pflug zu bringende Anger, auch keine zu verbessernde drei bis zwölfjährigen Aecker haben, durch die Koppelwirthschaft, um ein Drittel bis zur Hälfte; diejenigen meisten Güter aber, welche zu verbesserndes drei-, sechs- und neunjähriges Land und unter Pflug zu bringende Anger, Marschen, haben, nach Maßgabe der natürlichen Güte und nach Maßgabe der Größe solcher zu verbessernden schlechten Aecker und Anger, nochmal so hoch in der Koppelwirthschaft genützt werden.

Ich will hier wieder das geringste annehmen und setzen:

Die gesammten bisher in drei Feldern bewirthschafteten Ländereien der Mark können, durch die Koppelwirthschaft, zu einem Drittel höhern Werth, als sie jetzt haben, gebracht werden.

§. 72.

Diese Vortheile aus der Koppelwirthschaft wird man unmöglich alle sogleich erwarten, wie man sie nur aus drei Feldern anlegt.

Ich glaube, bei dieser Abhandlung, immer nach den gemäßigsten Sätzen gegangen zu seyn, und darnach meine ich auch über diesen Punkt:

a) Der Landmann und der Staat werden in den allerersten Jahren nichts verlieren; weil man nur nach und nach so viel in Ruhe legen darf, als man muß, um den übrigen Acker gut zu bestellen, gut bestellter etwas wenigerer Acker aber mehr bringt, als vieles schlecht bestelltes Feld. — Diese Erfahrung wird, meines Wissens, nicht bezweifelt.

b) Die angegebene Mehrheit der Nutzung werde, von dem zweiten Jahre des Kleegenusses an, mit dem vierten oder fünften Theil anfangen und bis dahin steigen, wo der Zirkel von neuen angeht; spätestens aber von da ab den vollen veranschlagten mehrern Ertrag geben.

§. 73.

Ein Beweis für die Güte der Koppelwirthschaft ist noch, daß die Holsteiner, welche nicht die guten Kreditanstalten der Mark haben, dennoch äußerst selten zu Konkursen kommen; sondern daß die meisten Landwirthe in guten Umständen sind. — Kommt auch ein Gut dazu; so konnten sie schon vor vielen Jahren sich versichert halten, daß dasselbe nicht unter dem Werth fortgehen würde, wie in andern Ländern, ohne landschaftliche Kreditordnungen, besonders zu der Zeit geschah, wo die Kunst noch nicht das Geld so vermehrt hatte.

§. 74.

Wird aber auch die Koppelwirthschaft dem Landmanne dagegen so viel mehr kosten, als sie mehr einbringt?

Ich werde die Kosten nach den Anschlägen der Königlichen Kammern auseinandersetzen und dann die Balanzen ziehen.

Bei dieser Berechnung werde ich der Wirthschaft in drei Feldern nichts zu gute geben, wie bisher geschehen ist, sondern die Arbeiten darin so annehmen, wie sie allerwenigstens verrichtet werden sollten, aber fast allemal geringer geschehen. — Ich thue solches aus dem Grunde, weil ich mit unter behaupten gehört habe:

Die Koppelwirthschaft beschäftige wenigere Hände, als die zeitige in drei Feldern. —

Sonst weiß ich sehr wol, daß in drei Feldern, besonders auf der leichtern Höhe, die nachstehende Arbeit den Aeckern nicht gereicht wird, und ich habe schon angeführt, wie man, z. E. zur Gerste, nur zweimal im Frühjahre allein pflügt; den Rasen zu Erbsen, Buchweitzen, Hafer, gar nur einmal umklappt. So geschieht es auch zum Sommerrocken.

1) Das Gut von 400 Morgen, in drei Feldern und in neun Schlägen.

a) In drei Feldern.

	Spann- Tage.	Hand- Tage.
1) Das Pflügen.		
$115\frac{2}{3}$ Morg. Winterung dreimal? 347 Morg.		
$106\frac{2}{3}$ " Sommerung,		
17 M. zur Gerste dreimal?		
$89\frac{2}{3}$ " zu Hafer 2mal? $179\frac{1}{3}$ "		
$577\frac{1}{3}$ Mrg.		
Täglich 2 Morgen mit einem Pfluge " "	$288\frac{2}{3}$	$288\frac{2}{3}$
2) Mistladen, fahren, ausbreiten.		
144 Fuder Mist, täglich 10 Fuder zu fahren, $14\frac{2}{5}$ Spannt. $14\frac{2}{5}$ Handt.		
auf 10 Fuder ein Auflader — " $14\frac{2}{5}$ "		
ein Mann breitet täglich		
8 Fuder auf 2 Morgen aus — " 18 "	$14\frac{2}{5}$	$46\frac{4}{5}$
3) Das Eggen.		
$222\frac{2}{3}$ Morgen zu eggen, täglich 6 Morgen	$37\frac{1}{9}$	$37\frac{1}{9}$
4) Die Saatfuhren.		
7 W. 13 S. 14 M. auf den Acker dem Säemann zuzufahren, täglich 8 Fuhren, à 16 Scheffel	$1\frac{3}{8}$	$1\frac{3}{8}$
5) Das Säen.		
7 W. 13 S. 14 M. auszusäen, täglich 1 Winspel	—	$7\frac{1}{2}$
6) Das Mähen.		
3 W. 17 S. 6 M. Winterung, tägl. 2 Schfl. $44\frac{1}{2}$ Tag		
3 " 20 " 8 " Sommerung, " 3 " $30\frac{1}{2}$ "		75
7) Das Harken.		
Auf drei Mäher, zwei Harker " " "	—	50
8) Die Erntefuhren.		
Mdl.		
Von der Winterung à Schfl. Ausdrusch 1 Mdl. 299		
Von der Gerste à $1\frac{1}{2}$ " " 1 " 42		
Vom Hafer à 2 " " 1 " $122\frac{1}{2}$		
$463\frac{1}{2}$ Mdl.		
6 Mandel auf einen vierspännigen Wagen sind $77\frac{1}{4}$ Fuder, täglich 8 Fuder " "	$9\frac{5}{8}$	$9\frac{5}{8}$
Latus	$351\frac{7}{10}$	$516\frac{2}{15}$

	Spann- Tage.	Hand- Tage.
Transp.	$351\frac{7}{30}$	$516\frac{2}{13}$
9) Abladen und Tasten.		
Auf 8 Fuder 1 Person auf dem Tast	—	$9\frac{1}{8}$
10) Das Heuen.		
2 Morgen 1 Tag zu mähen, 21 Morgen $10\frac{1}{2}$ H. Tag.		
1 〃 $\frac{1}{4}$ 〃 zu wenden 〃 $5\frac{1}{4}$ 〃		
1 〃 $\frac{3}{4}$ 〃 zu heuen 〃 〃 $15\frac{3}{4}$ 〃		
14 Fuder Heu à 20 Zentner, täglich 6 Fuder einzufahren $2\frac{1}{3}$ 〃 $2\frac{1}{3}$ 〃		
4 Personen zum Aufladen und auf dem Tast täglich 〃 $9\frac{1}{3}$ 〃	$2\frac{1}{3}$	43
11) Das Dreschen.		
Es sind 25 Winspel 8 Schffl. 2 M. Einschnitt auszudreschen, täglich 3 Scheffel 〃	—	$202\frac{2}{3}$
12) Getreidefuhren.		
a) Die zum Verkauf veranschlagten 8 W. 21 S. 1 M.		
b) Die Hälfte des Wirthschaftskorns, woraus die baaren Wirthschaftsausgaben genommen werden müssen 〃 〃 4 〃 10 〃 $8\frac{1}{2}$ 〃		
13 〃 7 〃 $9\frac{1}{2}$ 〃		
Auf jede Fuhre 1 Winspel, und 2 Tagereisen zum Verfahren gerechnet 〃 〃 〃	26	26
13) Beim Vieh.		
Auf die Ochsen, Kühe und Zuzucht zusammen einen Hirten, da die Zahl geringe ist, und die Weide nicht aus verschiedenen von einander entfernten Plätzen, sondern nur aus der Brache besteht, welcher auch im Winter zur Fütterung beibehalten wird 〃 〃 〃	—	365
Noch auf 20 Kühe eine Magd, sind auf 6 Kühe	—	$109\frac{1}{2}$
Latus	$379\frac{1}{2}$	$1271\frac{2}{3}$

	Spann- Tage.	Hand- Tage.
Transp.	$379\frac{1}{2}$	$1271\frac{4}{3}$
14) **Der Schäfer und der Schweinehirt.** Diese werden sich in der Koppelwirthschaft ziemlich gleich verhalten.		
15) Auch die übrigen Spann- und Handarbeiten, bringe ich nicht zur Berechnung; weil dabei mit denen in der Koppelwirthschaft keine merkliche Differenz entsteht, z. E. die Mühlen- und Holzfuhren u. s. w.		
Summa der Arbeitstage in 3 Feldern	$379\frac{1}{2}$	$1271\frac{2}{3}$
b) In 9 Schlägen.		
1) **Das Pflügen.**		
44 Morgen Aufbruch 4jähriger Weide zu Rocken - 5mal, sind 220 Morgen.		
44 - zu Gerste u. Hafer 3mal, wegen der Kleesaat, - 132 -		
44 - : 12 M. zu Erbsen 3mal 36 M.; 12 - zu Kartoffeln 3mal 36 -; 20 - zu Buchweitzen 2mal 40 -; zusammen 112 -		
44 - Rocken - 2mal - 88 -		
552 Morgen.		
Täglich mit einem Pfluge im Durchschnitt 2 Morgen	276	276
2) **Mistladen, fahren, ausbreiten.**		
294 Fuder, täglich 10 Fuder - $29\frac{2}{5}$ = $29\frac{2}{5}$		
Auf 10 Fuder ein Auflader - - - $29\frac{2}{5}$		
Ein Mann breitet täglich 8 Fuder auf 2 Morgen aus - - - - $36\frac{3}{4}$	$29\frac{2}{5}$	$95\frac{1}{2}$
3) **Das Eggen.**		
Zu Getreide - - 176 Morgen.		
Latus	$305\frac{2}{5}$	$371\frac{1}{2}$

		Spann- Tage.	Hand- Tage.
Transp.	176 M. :	$305\frac{3}{8}$	$371\frac{1}{8}$
Den Klee unterzueggen :	44 M.		
Den einjährigen Klee aufzueggen	44 :		
Wenigstens die Sommerung, und den Rocken im Kartoffellande, zu walzen : :			
Die Arbeit mit der Walze soll nicht in Anrechnung kommen, da das Untereggen des Kleesaamens und die Aufeggung des jungen Klees leichter ist, als die Untereggung der Saat : :	88 :		
	264 Morgen.		
Täglich 6 Morgen, sind : :		44	44
4) Die Saatfuhren.			
7 W. 13 S. 8 M. Getreide.			
: : 2 : 12 : Kleesamen.			
7 : 16 : 4 : täglich 8 Fuhren, à 16 Scheffel : :		$1\frac{5}{8}$	$1\frac{5}{8}$
5) Das Säen.			
7 W. 13 S. 8 M. Getreide auszusäen, täglich 1 Winspel	$7\frac{1}{2}$ Tage.		
: : 2 : 12 : Klee auf 44 M. zu säen, gleich 1 W. 20 S. Getreide	$1\frac{5}{6}$:		
		—	$9\frac{1}{3}$
6) Das Mähen.			
3 W. 16 S. : M. Winterungsaussaat, täglich 2 Schfl.	44 Tage.		
3 : 21 : 8 : Sommeraussaat, tägl. 3 S.	31 :		
		—	75
Man zwingt aber mit der Sense weniger, wenn das Getreide stark an Stroh und voll an Halmen steht.			
	Latus	351	$501\frac{1}{2}$

	Spann-	Hand-
	Tage.	
Transp.	351	$501\frac{1}{2}$
7) **Das Harken.**		
Auf drei Mäher, zwei Harker . . .	—	50
8) **Erntefuhren.**		
V. d. Winterung à S. Ausdrusch 1 Mandel. 506 Mdl.		
" " Gerste rc. à $1\frac{1}{2}$ S. " 1 " 218 "		
Vom Hafer à 2 S. " 1 " 102 "		
826 Mdl.		
Sind, à 6 Mandel, 137 Fuder, tägl. 8 Fuhren	$17\frac{1}{8}$	$17\frac{1}{8}$
9) **Das Abladen und Tasten.**		
Auf 8 Fuder eine Person . .	—	$17\frac{1}{8}$
10) **Das Heuen.**		
21 Morgen, Wiesewachs zu heuen, wie in 3 Feldern . . $2\frac{1}{3}$ = 43		
44 " Klee zu heuen, 2 mal zu ernten, jedesmal vom Morgen 15 Zentner, sind 33 Fuder, à 20 Zentner, nur nach den Sätzen der Wiesenheuung angeschlagen, näml.		
Zu mähen . . 22 Tage.		
Zu wenden . . 11 "		
Zu heuen . . 33 "		
Tägl. 6 Fuder einzufahren $5\frac{1}{2}$ = $5\frac{1}{2}$ "		
Vier Personen täglich beim Aufladen u. auf dem Tast . . 22 "		
$5\frac{1}{2}$ = $93\frac{1}{2}$. "		
Eben die Arbeit bei der zweiten Ernte . $5\frac{1}{2}$ " $93\frac{1}{2}$ "		
11 = 187	$13\frac{1}{3}$	230
11) **Das Dreschen.**		
43 W. 5 Schfl. 4 M. Einschnitt auszudreschen, excl. des nöthigen Kleesamens, tägl. 3 Scheffel, sind	—	$345\frac{2}{3}$
Latus	$381\frac{1}{3}$	$1161\frac{2}{3}$

		Spann-Tage.	Hand-Tage.
	Transp.	381$\frac{1}{3}$	1161$\frac{2}{3}$
12) Getreidefuhren.			
a) Das zum Verkauf veranschlagte Getreide	20W. 12S. 12M.		
b) Die Hälfte des Wirthschaftskorns, zu Bestreitung der baaren Ausgaben	7 · 13 · 8 ·		
	28W. 2S. 4M.		
Auf die Fuhre 1 Winspel, und 2 Tagereisen angenommen		56	56
13) Beim Vieh.			
Auf 20 Kühe eine Magd, macht auf 33 Stück		—	545
Ein Aufseher auf der Weide und im Stall, im Winter zur Besorgung des Futters		—	365
14) Der Schäfer und der Schweinhirt, verhalten sich wie in 3 Feldern			
15) Es wird angenommen, daß Butter und Käse auf dem Gute verkauft werden, und daß dazu keine Fuhren nöthig sind.			
16) Die Arbeit bei der Teichwirthschaft und bei der Abholzung der Knicke lohnt sich selbst			
Summa der Arbeitstage in 9 Schlägen		437$\frac{1}{3}$	2127$\frac{2}{3}$
Es waren in 3 Feldern		379$\frac{1}{2}$	1271$\frac{5}{6}$
Bei der Wirthschaft in 9 Schlägen sind also mehrere Arbeitstage nöthig		57$\frac{5}{6}$	855$\frac{5}{6}$

2) Das Gut von 800 Morgen in 3 Feldern und in 13 Schlägen.

a) In 3 Feldern.

		Spann-Tage.	Hand-Tage.
1) Das Pflügen.			
25 Morgen zu Weitzen 4 mal zu pflügen, sind	100M.		
184 · zu Rocken 3 mal · · ·	552 ·		
83$\frac{1}{3}$ · zu Gerste 3 mal · · ·	250 ·		
116$\frac{2}{3}$ · zu Hafer 2 mal · · ·	233$\frac{1}{3}$ ·		
409 Morgen, zu pflügen, sind gleich	1135$\frac{1}{3}$ ·		
Tägl. werden im Durchschn. 2 M. gepflügt, sind	·	567$\frac{1}{2}$	567$\frac{1}{2}$
	Latus	567$\frac{1}{2}$	567$\frac{1}{2}$

	Spañ=	Hand=
	Tage.	
Transp.	$567\frac{1}{2}$	$567\frac{3}{4}$
2) Mistladen, fahren, ausbreiten.		
400 Fuder, täglich 10 Fuder zu fahren 40 : 40		
Auf einen Wagen ein Auflader : : : 40		
Ein Mann breitet tägl. auf 2 M. 8 Fuder aus : : 50	40	130
3) Eggen, 409 Morgen, täglich 6 Morgen :	$68\frac{1}{6}$	$68\frac{1}{6}$
4) Saatfuhren. 17 W. 11 S. 8 M. tägl. 8 Fuhren à 16 S.	$3\frac{1}{8}$	$3\frac{1}{8}$
5) Säen. 17 : 11 : 8 : tägl. 1 Mann 1 Wspl.	—	$17\frac{3}{4}$
6) Mähen. 8 : 14 : 1 : Winterungsaussaat 1 M 2 S. 103 T.		
8 : 21 : 7. Soñer. 1 : 3 : 71 :	—	174
7) Harken. auf 3 Sensen zwei Harken : :	—	116
8) Erntefuhren.		
Von dem Winterungsausdrusch à 1 S. 1 M. 905 Mdl.		
Von der Gerste : : à $1\frac{1}{2}$: 1 : $297\frac{2}{3}$:		
Von dem Hafer : : à 2 : 1 : 229 :		
1431 Mdl.		
6 Mandel auf einen vierspännigen Wagen, sind $238\frac{1}{2}$ Fuder, täglich 8 Fuhren : :	$29\frac{3}{4}$	$29\frac{3}{4}$
9) Abladen und Tasten. Auf 8 Fuder eine Person auf dem Tast : : :	—	$29\frac{3}{4}$
10) Heuen. 50 Morgen Wiesewachs zu mähen, täglich 2 Morgen : : 25 Tage.		
Täglich 1 M. zu wenden und zu heuen 50 :		
Tägl. 4 Personen zum Aufladen u. Tasten $16\frac{2}{3}$:		
25 Fuder à 20 Zentner, täglich 6 Fuder Heu einzufahren $4\frac{5}{6}$: : : $4\frac{1}{6}$:	$4\frac{5}{6}$	$95\frac{5}{6}$
11) Das Dreschen. 75 W. 10 S. 15 M. Einschnitt zu dreschen, täglich 3 Schfl. : :	—	$603\frac{2}{3}$
12) Getreidefuhren.		
a) Das zum Verkauf veranschlagte Getreide, 28 W. 23 S. 13 M.		
b) Die Hälfte des Wirthschaftskorns 14 : 11 : $14\frac{1}{2}$:		
43 : 11 : $12\frac{1}{2}$:		
Latus	$712\frac{3}{4}$	$1835\frac{1}{4}$

	Spann-	Hand-
	Tage.	
Transp.	712¾	1835¼
1 Winspel auf 1 Fuhre, diese zu 2 Tagereisen	86½	86½
13) Beim Vieh.		
Die Ochsen, Kühe, und die Zuzucht zu hüten ꝛc. bestreitet 1 Hirte ; ; ;	—	365
Auf 20 Kühe eine Magd, sind auf 25 Stück	—	456
14) Der Schäfer und der Schweinhirte, auch die übrigen Hand- und Spannarbeiten mögen sich wie in der Koppelwirthschaft verhalten und daher nicht zur Berechnung kommen.		
Summa der Arbeit in 3 Feldern	799¼	2742¾
b) In 13 Schlägen.		
1) Das Pflügen.		
61 M. zu Gerste u. Buchw. Aufbruch 5jährl. Weide, 6mal, sind 366 M.		
61 ; zu Weitzen und Rocken, im Durchschnitt ; 2½ ; ; 152 ;		
61 ; zu Rocken, Erbsen, Kartfl. 2¾ ; ; 167¾ ;		
61 ; zu Gerste u. Hafer, weil im Haferlande auch Klee komt 3 ; ; 183 ;		
61 ; zu Weitzen und Rocken, nach Klee ; ; 1 ; , 61 ;		
61 ; zu Rocken, Erbsen und Buchweitzen ; ; 2¾ ; ; 167¾ ;		
61 ; zu Rocken und Gerste 2½ ; ; 152 ;		
427 Morgen. 1249½ ;		
Täglich 2 Morgen zu pflügen ; ; ;	624¾	624¾
2) Das Mistfahren, laden, ausbreiten.		
650 Fuder Mist zu fahren, tägl. 10 Fuder 65 ; 65 ;		
Auf einen Morgen ein Lader ; ; ; 65 ;		
Ein Mann breitet 8 Fuder auf zwei Morgen aus ; ; ; ; 81¼ ;		
	65	211¾
Latus	689¾	836

	Spann-	Hand-
	Tage.	
Transp.	689¾	836
3) Das Eggen.		
427 M. Getreidesaat einzueggen,		
61 „ Kleesamen „ „ ,		
61 „ einjährigen Klee im Frühjahr aufzueggen,		
„ „ zu walzen, welches wie in 9 Schlägen nicht veranschlagt werden soll, weil das Ein- und Auseggen des Klees nicht so viel Arbeit kostet, als das Untereggen des Getreidesamens, welchem das Klee-eggen gleich geschätzet worden.		
549 Morgen. Täglich 6 Morgen „ „	91½	91½
4) Die Saatfuhren.		
19 W. 6 S. „ „ Getreidesaat auf die Felder zu fahren.		
3 „ 13 „ Kleesamen		
19 W. 9 S. 13 M. 16 S. auf 1 Fuder, tägl. 8 Fuhren	3½	3½
5) Das Säen.		
19 W. 6 S. Getreidesaat und 61 Morgen Klee, sind wegen der Würfe und des Gehens gleich		
2 „ 13 „ Getreidesaat		
21 W. 19 Schfl. Täglich 1 Winspel „ „	—	21¾
6) Das Mähen.		
7 W. 22 S. Herbstsaat zu mähen, tägl. 2 S. 95 T.		
11 „ 8 „ Sommerung „ „ „ 3 „ 90⅔ „		185⅔
7) Das Harken, auf 3 Sensen 2 Harken „	—	122
8) Erntefuhren.		
1064 Mdl. Winterungsernte à 1 S. 1 Mdl.		
880 „ Gerstenernte „ à 1½ „ 1 „		
88 „ Hafererernte „ à 3 „ 1 „		
2032 Mdl. 6 Mandel auf 1 Wagen 338⅔ F. tägl. 8 Fud.	42⅓	42⅓
Latus	827	1302¾

	Spann-Tage	Hand-Tage
Transp.	827	1302¼
9) Das Abladen und Tasten.		
Auf 8 Fuder eine Person auf dem Tast ,	—	42¼
10) Das Heumachen und fahren.		
a) Die 50 Morgen Wiesewachs, wie in 3 Feldern , 4⅛ , 95⅝		
b) Die 61 Morgen Kleeheu In 9 Schlägen erforderte das Kleeheu von 44 Morgen 11 Spanntage und 187 Handtage. 61 Morgen in 13 Schlägen werden also erfordern 15¼ , 259¼	19½	355
11) Das Dreschen.		
106 W. 16 S. Einschnitt auszudreschen, tägl. 3 Schfl.	—	853¼
12) Getreidefuhren.		
48 W. 22 S. zum Verkauf veranschlagtes Getreide		
19 , 6 , als die Hälfte des Wirthschaftskorns		
68 W. 4 S. à 1 Wspl. auf 1 Fuhre, jede zu einer Zweitagereise , , ,	136	136
13) Beim Vieh.		
Bei 61 Kühen und dem Jungvieh ein Viehmeister zur Aufsicht in den Koppeln und in den Ställen	—	365
Auf 20 Kühe eine Magd, sind Handtage ,	—	1095
14) Der Schäfer, der Schweinhirte und die übrigen Arbeiten mögen der Wirthschaft in 3 Feldern gleich seyn.		
15) Es ist angenommen, daß die Butter und der Käse nicht verfahren, sondern vom Gute abgeholt werden.		
16) Die Arbeit der Teichwirthschaft und der Abholzung der Befriedigungen lohnt sich selbst.		
Summa der Arbeit in 13 Schlägen	982½	4148¾
In 3 Feldern waren Arbeitstage	799¼	2742¾
Bei der Wirthschaft in 13 Schlägen sind also mehrere Arbeitstage nöthig	183¼	1406.

Die Kosten der mehrern Arbeit in der Koppelwirthschaft, gegen die in drei Feldern, trägt das mehrere Wirthschaftskorn vollkommen. Es kann also deshalb von dem baaren Ertrage nichts abgeschrieben werden, wenn gleich in der Wirthschaft der drei Felder, wie sie gewöhnlich betrieben wird, z. E. beim Pflügen, allerdings weniger gearbeitet wird, als hier berechnet worden, dagegen bei der Koppelwirthschaft sich gewiß mehrere Arbeit findet, als veranschlagt ist. — So kostet, z. E. das Kleeheuen mehrere Arbeit als das Heuen des Wiesengrases, welchem jenes als gleich angenommen worden; das Behacken und Ausnehmen der Kartoffeln kostet mehr Arbeit als die Gerste mit der Ausdreschung derselben; ferner, die Instandehaltung der Befriedigungen, der Tränke oder der Teiche, das Mähen des stärker stehenden Getreides mehr, als in drei Feldern.

§. 75.

B.

Von dem Nutzen der Einführung der Koppelwirthschaft in der Mark Brandenburg für den Staat.

Der Endzweck der Brandenburgschen Staatswirthschaft soll seyn

Bevölkerung und Reichthum.

Für beide sind die ersten und die unversiegenden Hauptquellen der Mark Brandenburg

Der Ackerbau und die Viehzucht.

Man gebe den Völkern ihren Körpern angemessene Arbeit und davon Brot, so vermehren sie sich, so entrichten sie die Abgaben ohne Beschwerden, und so können diese, im Nothfalle, erhöhet werden *)

§. 76.

Die Vortheile des Staats von der Koppelwirthschaft werden also seyn:

*) Der Ackerbau und die Viehzucht sind die erste Quelle, das Fundament, nicht der Mark Brandenburg allein, sondern eines jeden selbstständigen Reiches in der ganzen weiten Welt. — Gleich nach ihm folgen die Gewerke, welche und der Bergbau die rohen Produkte der Erde nützlich verarbeiten, und die

1) Durch die Koppelwirthschaft kann in der Mark alles pflügbare Land, nur, wenn man nicht selbst bessere Erde aufführt, den Flugsand davon ausgenommen, zum Körnerertrage gezogen und zum reichern Ertrage verbessert werden.

Dadurch wird in Summa nicht eine wenigere, sondern sicher eine mehrere Morgenzahl des Staats jährlich mit Getreide bestellt werden, als in der Mark Brandenburg bei der Wirthschaft in drei Feldern geschah.

2) Eine kleinere mit Getreide bestellte Morgenzahl bringt in der Koppelwirthschaft schon ansehnlich mehreres Getreide, als eine größere in drei Feldern, nach Maßgabe der vorhin geschehenen Balanzirungen dreischlägiger Wirthschaften mit denen in Koppeln. — Es wird aber bei der Koppelwirthschaft im Ganzen wenigstens eben so vieles Feld als in drei Feldern jährlich bestellt werden; weil der Wirth dann nur den drei-, fünf-, sechs-, neun- und zwölfjährigen Acker und die unergiebigen Grasanger kultiviren kann, welche beide in der Churmark ein Viertel des gesammten Ackers enthalten *).

nothwendigen Geräthe zubereiten; darauf erst folgt der Handel, so fern er den Absatz erleichtert und den Ueberfluß andern Völkern zuführt, oder den Mangel des nöthigen, auf die beste und wohlfeilste Art, von andern Völkern herbeischafft, dann auswärtigen Völkern aus auswärtigen Landen ein nicht aus dem Vaterlande selbst zuzuführendes Bedürfniß besorget. — Fast alles übrige wird den Luxus enthalten, sittenverderblich und damit der Bevölkerung und dem Reichthum schädlich seyn. — Man sehe die Geschichte von dem Falle aller Völker, wann ihre Sitten verdarben und wodurch sie fielen.

Wenn diese Gedanken richtig sind; so enthalten sie zugleich, wofür beständig ganz eigentlich und am meisten zu sorgen, und was zu hindern ist.

*) Die Churmark allein enthält nämlich, nach den glaubwürdigsten Anzeigen, an Weitzen- Gersten- und Haferlande 2914060 Morg.
außerdem an 3, 5, 6, 9 u. 12jähr. Lande 636239 M.
und an Angern u. Marschweidung etwa 400000 -
——————— 1036239 -
noch zuerst zu kultivirenden Acker. Dabei hat sie noch große Leeden, Plätze von leichtem Boden, die entweder auch zum Getreidebau kultivirt oder zu Holzungen angelegt, und dagegen vom besseren Boden der Forsten, so viel zum Getreidebau verwandt werden können. Z. E. von der Forst bei Köpenick.

Die Churmark ist die bevölkertste Provinz. Nimmt man auch nur ihren die Kultur noch erwartenden Acker zum Maßstabe, und berechnet darnach denjenigen der übrigen Provinzen, welches Feld von Eroberungen! —

Der Staat wird also durch die Koppelwirthschaft ansehnlich mehr Getreide gewinnen,

a) Um sich vor Hungersnoth zu sichern;

b) Um, statt bisher, zu einiger Sicherung vor derselben, etwa Geld außerhalb Landes geschickt zu haben, solches dafür, nach seiner vortrefflichen Lage, von den Ausländern einzuziehen.

3) Dabei wird der Viehstand mehr als noch einmal so stark seyn. Statt vielleicht fremdes Vieh, Häute, Talg, Butter und Käse vom Auslande gekauft zu haben, wird der Staat davon dann selbst aussenden können.

4) Die Koppelwirthschaft trägt zur Vermehrung des Brennholzes, des Nutzholzes, und des Obstes bei, indem die Wälle zur Abhaltung der kalten Winde u. s. w. damit bepflanzt werden. Sie kann auch zur Vermehrung der Maulbeerbäume beitragen.

Ein Vortheil für die Fabriken; ein Vortheil überhaupt für jeden Einwohner.

5) Dazu gehört die Vermehrung der zahmen Fischerei, wozu die Anlegung der nöthigen Viehtränken die Gelegenheit geben wird.

Schlesier wissen, wie nützlich die Teichwirthschaft ist, so wol wegen ihres unmittelbaren Einbringens aus dem Verkauf der Fische, als auch wegen des Getreidebaues, wenn auch nur, statt der abwechselnden Bestellung der Teiche mit Getreide, ihr Schlamm auf die Aecker gefahren wird.

6) Die Koppelwirthschaft giebt für ansehnlich mehrere Menschen Beschäftigung, als die Wirthschaft in drei Feldern, wie §. 74 berechnet worden. — Sie erfordert mehrere Hände für den dadurch erweiterten Ackerbau und dessen mehrern Ertrag, auch für die dabei vorhandene weit stärkere Viehzucht, und der Mensch, so bald er es nur zwingen kann, plagt sich mit der Arbeit nicht bis zur Qual, wie in vielen Gegenden schlecht gesessene Bauern jetzt thun müssen, um nur die Nothdurft des Lebens zu erhalten. Zu viele Arbeit aber, zumal bei magerer Kost, zerstört die Stärke und hindert das Wachsthum der

thie-

thierischen Körper. — Man sehe die Bauern aus den magern Sandgegenden gegen die in der Ukermark, in der Wische, in der Magdeburgschen Börde, im Elbingschen u. s. w. Man stelle auch ihr Vieh gegen einander.

Es werden also:

a) Mehrere Tagelöhnerfamilien entstehen; denn die Handarbeit wird sich ansehnlich vermehren;

b) Familien, welche von Kuhpachtungen leben;

c) Mehrere Böttcher zu Anfertigung der Gefäße zu der Milch, zur Butter und zum Käse.

d) Auf ansehnlichen Gütern werden, wie im Holsteinischen, besondere Viehmeister nöthig seyn.

Man wird diese nicht ganz gegen die bei den Befriedigungen zu entbehrenden mehreren Hirten aufgehen lassen können, da auch hier ein Mensch seyn muß, der in den Koppeln das Vieh übersieht, im Winter Futter zubereiten und es herbeiholen hilft, und zwar für mehreres als nochmal so viel junges und altes Vieh, als in drei Feldern.

e) Und diese Vermehrung der Familien und der ersten Materiale geht zum Vortheil aller übrigen Gewerbe über, z. E. vorzüglich in das Gewerbe des Gerbers, des Stärkenmachers, des Bierbrauers, des Brandweinbrenners, des Schmids, des Korn- und Viehhändlers, des Seifensieders, Lichtziehers, und mittelbar zum Vortheil aller Gewerke.

Die Koppelwirthschaft befördert also die Volksmenge, und bereichert sie.

7) Der Bauer wird sein besseres Auskommen haben. — Milch, Butter und Fleisch, bei vielen jetzt sehr seltene Kost, werden seinen Kindern starke und große Körper geben.

8) Die Vermehrung der Bevölkerung durch die Koppelwirthschaft läßt sich auch noch aus folgender Spekulation mit erwarten:

Bekanntlich sind die Bauerfelder in den allermeisten Gegenden der Mark zu lang. Die Feldmark hat oft 1 und 1½ Meile im Diameter. Es kostet dem Bauer zu viele Zeit, besonders mit seinem schlechten Gespann, erst nach einer Viertel-

Drittel= oder halben Meile zu seinem hintersten Acker mit Pflug und Dünger zu kommen. Dadurch wurden die Hinteräcker desto zeitiger sechs und zwölfjähriges Land.

Daher hatte man, besonders in der Neumark, vor einigen Jahren, die sehr weise Absicht, den Bürgern und Bauern die entlegenen Felder abzuschneiden, und daraus Kolonien zu machen. Diese sollten mit Ausländern besetzt werden. — Die Bauern weigerten sich; weil sie glaubten, von dem Weggeben ihrer Länder an Fremde nichts zu haben. —

Ich habe gesagt, man müßte die Koppeln nicht zu klein und zu schmal anlegen; wenn es sich bei kleinen Bauergütern nicht anders thun ließe, müßte man lieber zwei bis drei solche Höfe zusammenlegen *). — Diese kleinen Kommünen werden dadurch unter sich näher verbunden; sie sehen sich bei der Feldarbeit immer beisammen, der Sohn des Nachbars wird mit dessen Tochter bekannter als mit den andern, eine Gelegenheit, daß sich die Kinder am meisten in den Kommünen, wozu sie gehören, verheirathen werden.

Hier kann also jene große Absicht eher erreicht werden, wenn die Regierung sie leitet, ein Drittel oder ein Viertel von den äußersten Enden ihrer Ländereien abzuschneiden, und darauf, wenn ihnen das Holz zu den ersten Gebäuden gegeben wird, ihre Kinder anzusetzen, welche dann dagegen den darauf fallenden Theil der Lasten übernehmen.

Am ehesten wird solches erreicht, wenn derjenige, welcher einen solchen neuen Hof anlegt, für sich kantonfrei ist. Das

*) An sich ist solche Separation der Bauerhöfe, um sie in Koppeln zu bewirthschaften, nicht absolut nothwendig, das ist, daß es sonst gar nicht angehe, sie einzuführen, wie man als einen Grund gegen dieselbe anführt. Die Separation ist hier nur, wie bei allen Wirthschaftsarten, höchst nützlich, und nur dann absolut nothwendig, wenn nicht alle Theilhaber einer kommünen Feldmark nach einerlei Plan ihre Antheile bewirthschaften wollen. Man fürchtet sich vor dem freilich sehr mühsamen Separationsgeschäft. Dänemark überstand es in dem Herzogthum Holstein. Wir haben dazu die vortrefflichsten Anleitungen. Viele herrschaftliche Aecker sind von denen der Unterthanen schon separirt. — Man sollte nicht scheuen, was so rühmlich und so sehr nützlich ist.

Regiment kann hiergegen um so weniger eine billige Schwierigkeit haben, da es dadurch eine Familie mehr erhält, auch für die Gegenwart nichts verliert; denn nicht ein einzelnes Dorf des Kantons, sondern der ganze Kanton selbst muß dasselbe mit Einländern komplet halten.

9.) Zu der Koppelwirthschaft braucht man nicht lieber Ochsen als Pferde zum Pflügen; weil der erste Aufbruch viele Kraft erfordert.

Die Pferdezucht wird also auch vermehrt werden, worauf man, bekanntlich, jetzt immer mehr sehen muß, und solche Koppelweide wird so gute Pferde erziehen, als dieselbe im Mecklenburgschen thut. Wir werden also nicht mehr so viele ganz kleine Sandklepper haben, wovon der Bauer, wenn der Vorspannpaß auf zwei Pferde lautet, zur Vermehrung dieser Last, sechs Stück stellen muß. — Aber bei nasser Bruchweide, und auch auf der magern Brache der drei Felder, kann aus der Pferdezucht nie was bedeutendes werden.

Kavallerie, Artillerie, Proviantfuhrwesen, Packpferde!

10) Das Kleeheu läßt sich zwölf, bis achtzehn Jahre lang erhalten, ohne von seiner Kraft und von dem guten Geruche zu verlieren. Das thut bekanntlich nicht das Heu der Graswiesen. Jenes lieget sehr fest auf einander. Jenes läßt sich daher besser zu Wasser und zu Lande, ohne schadhaft zu werden und ohne deshalb großen Abgang zu haben, fortbringen.

Bei der Koppelwirthschaft in der Mark ist, wegen der für den Viehstand der Koppelwirthschaft unzureichenden Wiesen, der Kleebau unumgänglich nöthig. Was hilft vieles Vieh im Sommer, wenn es nicht das nöthige Winterfutter hat! — Dann würde diese Wirthschaft nur den einfachen Nutzen haben, welcher dem Getreidebau aus der mehrern Ruhe allein entsteht; nicht zugleich auch den, welcher aus starker Düngung erhalten wird, wenn vieles Vieh gut gefüttert und gut gestreuet wird, nicht das Stroh aus Hunger auffrißt.

Der Kleebau wird also auch Anlaß geben, daß von Kleeheu mit Nutzen Kriegesfouragemagazine angelegt werden können, damit im Kriege entweder die Pferde nicht in Noth kommen, oder die Kassen nicht zu sehr vom Wucher der Lieferanten leiden, oder auch den Pferden nicht gar verdorbenes Heu gegeben werden müsse; auch damit im Frieden, bei einem besonderen Mißwachs des Heues, die Unterthanen in solchem Jahre mit der Heulieferung verschont werden können, und nicht zu sehr von den Lieferanten leiden.

11) Die Schafwolle wird, bei der verbesserten Weide und bei dem kräftigern Kleeheu auch verbessert und vermehrt werden. — Die Heerden werden nach langen Wintern, wo es an Heu fehlte, nicht mehr so aussterben. Dadurch wird die Nuzzung der Schafzucht steigen. Man wird also zur Schafzucht mehr Lust bekommen und sie erweitern. — Das Hundert Schafe kann allerwenigstens zu 50 und 60 Thlr., nach allem Abzuge, genützet werden; aber bei den jetzigen Umständen erlaubt schon das häufige Sterben nicht, das Hundert über 18 und 21 Thlr. zu veranschlagen.

12) Man wird den Vortheil des Gypses zu dem Kleebau bald bemerken. Dieses Bergwerk möchte dem Staat also einträglicher werden.

13) Die Akzise- und Zolleinnahmen werden sich von dem Verkauf des mehrern Getreides, des Viehes, der Häute, der Butter, des Talges, und von der Verzehrung, welche die mehrere Menschen machen, ansehnlich vergrößern.

14) Wenn die Aecker durch Einführung der Koppelwirthschaft erst in rechten Stand gebracht sind, wird man, bei Einführung der Stallfütterung, den schweren Boden mit der Zeit alljährlich, und den mitteln Boden in vier Feldern, nützlich bewirthschaften können.

Für solchen Boden ist also die Koppelwirthschaft eigentlich die Zubereitung zum höchsten Ertrage und zur höchsten Bevölkerung des platten Landes. — Aber gleich aus drei Feldern damit anzufangen, geht im Ganzen nicht an, wie ich in einem beizufügenden Anhange darzuthun versuchen werde. — Bei dem hohen und dabei sehr leichten Boden, wie ich ihn bei dem Gute von 400 Morgen zum größtentheil angenommen habe, wird es auch nicht vielleicht nach 20 und 30 Jahre lang vorhergegangener Koppelwirthschaft, mit Nutzen angehen, sondern die Koppelwirthschaft hier vielleicht noch länger, vielleicht gar beständig, die möglichst beste bleiben. Ohne vorhergegangene Koppelwirthschaft aber werden die Aecker aus drei Feldern nie zu der Möglichkeit der alljährlichen Bestellung, oder zu einer nützlichen Abbauung in vier Feldern im Ganzen gelangen. Es wäre denn, daß die Bevölkerung nach und nach so zunähme, wie sie nach angestellten Berechnungen auf einer Quadratmeile seyn kann, alle Familien vom Ackerbau lebten, und ihnen die Erde zu gleichen Theilen in quali & quanto, zu der tiefsten Bearbeitung mit dem Spaten, zugemessen und übergeben würde. — So weit dürfte es aber in der unvollkommenen Welt wol nicht gebracht werden.

Der Vortheil des Staats von der Einführung der Koppelwirthschaft wird also darin bestehen:

Daß die Bevölkerung, der Getreidebau, die Viehzucht und dabei besonders auch mit die Pferdezucht ansehnlich verbessert, die Wolle für die Fabriken merklich vermehrt und veredelt, das jährliche baare Einkommen des Staats sehr verstärket, und der solide Reichthum desselben, durch den verbesserten Grund und Boden selbst, wenigstens um ein Drittel erhöhet werde. — Wenn die Einkünfte aus dem Feldbau Zinsen des Staats heißen können; so wird sich hiernach das Kapital oder der innere Werth desselben, durch Anlegung der Koppelwirthschaft, wenigstens um ein Drittel vermehren.

IV.

Ist das Vorgeben gegründet, daß die Einführung der Koppelwirthschaft der Bevölkerung in der Mark schädlich sey, oder kann das Gegentheil erwiesen werden?

§. 77.

Man führt gewöhnlich das Herzogthum Mecklenburg an, wenn man beweisen will, die Koppelwirthschaft sei der Bevölkerung nachtheilig.

Diejenigen Meklenburgschen Rittergüter, welche Bauern ausstießen, hatten keine solche Bauern, welche wirkliches Eigenthum besaßen, sondern nur Laßbauern, Pachtbauern. Sie nennen diese Leute Leibeigene, weil sie auch über das Eigenthum und über die Freiheit derselben schalten. — Die Gebäude, der Acker, das Vieh nnd das Ackergeräthe gehören der Herrschaft, und werden an solche Leute gegen einen Zins und gegen Dienste verpachtet. Confr. §. 334. des Mecklenburgschen Landgrundgesetzlichen Erbvergleichs von 1755.

Diese Verpachtungen brachten der Herrschaft wenig ein; weil der Bauer vor den damit verbundenen Frohnen nicht Zeit hatte, seinen Pachtacker gehörig zu bestellen. Er hatte auch wol dazu nicht guten Willen genug, nachdem er aus den Augen des Voigts war, in der Wirthschaft, welche ihm gegeben worden, um sich und sein Vieh zum Dienste seines Herrn zu füttern, sich eben so anzugreifen; denn er war nur Pächter. — Verbesserte er den Acker, so besorgte er, die Herrschaft würde ihn gegen schlechtern eintauschen; verbesserte sich sein Einkommen, so möchte sie mehr fordern; hatte er nicht Saat- und Brotkorn, so mußte sie es geben; fiel das Vieh aus Verwahrlosung, so mußte sie es ersetzen, und ihm dabei die Gebäude unterhalten, da er es nicht selbst konnte. — Dabei war und blieb der Bauer arm, und die Herrschaft mußte oft, statt der Einziehung der Pacht, noch zugeben, um nur die Dienste zu erhalten.

„Daß ein Bauer täglich mit doppeltem Gespann und drei „Handboten dient, ist nichts seltenes, so wenig, als daß er des „Sonntags seine Wiesen heuen muß, weil er die andern Tage „mit Weib und Kind frohnet. — Auch hört man noch, daß „ein Edelmann einem Leibeigenen die besten Ochsen und Pferde „verkauft und schlechtere wieder giebt. — Wenn einer ein „ganzes Holz zum Anwuchs brächte, wovor sich der Unter„than wol hütet, so darf er davon keinen Zweig nehmen; „und hätte er undenkliche Jahre solches auf seinem Acker ste„hen gehabt und Prästanda dafür geleistet, so gehört „doch nichts davon. Wenn er sich darüber beschwert, so „giebt es Hiebe dazu.“ — Aus Schlözers Staatsanzeigen B. IV. S. 192, A 3.

Bei solchen Umständen mußte die Herrschaft leicht begreifen, daß sie den Acker des Bauern höher nützen würde, wenn sie ihn selbst bebaute. Denn ein bezahlter Tagelöhner thut so viel als drei bis vier solche ausgemärgelten Leute auf dem ihnen verhaßten Frohn. Ein Gespann von vier Stallpferden thut mehr, als zwölf und mehrere von solchen verhungerten Kleppern der Frohnleute.

Der angeführte Erbvergleich (§. 334 und 336) giebt den Mecklenburgschen Gutsherren das Recht, die Bauern zu versetzen, sie zu Häuslern zu machen, und ihre Aecker mit den Ritteräckern selbst zu bewirthschaften. Es war daher nichts natürlicher, als daß sie sich ihres Rechts bedienten und einen großen Theil solcher Bauern fortjagten; aber das Land verlor dadurch die Leute.

Indessen wollten die Stände in ihrer Klage gegen den Herzog, welcher ihnen in dem Einziehen solcher Höfe endlich Einhalt thun wollte, nicht an sich kommen lassen, daß sie dadurch das Land entvölkerten, und gaben an, sie behielten diese Leute als Häusler, auch auf andere Weise, in ihren Diensten.

Aber diese Leute band nun noch weniger etwas an ihr Vaterland, worin sie auch als Häusler, bei harter Begegnung, wenig Nahrung fanden; denn die starken Miethen, welche sie mit vielen Handdiensten bezahlen mußten, erleichterten nicht ihr Schicksal. Daher wanderten sie nach den angränzenden Provinzen häufig aus, wo sie mehr Freiheit fanden, und da sich die Koppelwirthschaft keinesweges ohne Menschen führen läßt; so sollen selbst Leute aus den hiesigen Landen, nach der hier aufgehörten Erntearbeit, in das Mecklenburgsche kommen, und für bares Geld, die, wegen Mangel an Händen, oft zu lange gelegenen Ernten in die Scheuern helfen.

Die Koppelwirthschaft selbst aber, und daß sie wenigere Hände erfordere als die in drei Feldern, wird dort weder, von dem Herzoge noch sonst als die Ursache der Ausstoßung der Bauern von den Gutsherren und der Verminderung der Bevölkerung angegeben. Nur einige unserer Landesleute geben sie uns als den Grund davon an, und man hat sich deshalb neuerlich bezogen auf die Seiten 192, 199, 202, 203 und 204 dieses 4ten Bandes der Schlözerschen Staatsanzeigen. — Diese Blätter enthalten davon nichts. Dort wird vielmehr andern Ursachen der Verfall der Städte, des Handels und der Fabriken zugeschrieben. — Der Herzog selbst sagt von den Landgütern, daß sie im Werthe stehen, aber, fügt der Herzog hinzu, man macht zu viele Ausgaben, und diejenigen, welche Bauergüter einziehen, suchten sich dadurch nur den Kredit zu ihren Verschwendungen zu verlängern, indem sie vorgeben, sie werden das zu leihende Geld zur Einrichtung der herrschaftlichen Bewirthschaftung eingezogener Bauerhöfe, also zur Gutsverbesserung anwenden. Der Herzog sagt auch nicht unterm 31ten Dezember 1782, wegen der Koppelwirthschaft sind in 27 Jahren über 49 Dörfer eingezogen; auch nicht, wenn die Koppelwirthschaft länger fortgeht, so wird es in 200 Jahren geschehen seyn, daß in demjenigen Theil meiner Lande, wovon Ritter und Landschaft Eigenthum haben, sich kein Dorf und keine Bauerschaft mehr befindet.

§. 78.

Hat man zu besorgen, die Gutsbesitzer in der Mark Brandenburg werden die Laßbauergüter, da wo welche sind (denn viele Bauern haben, zu ihrem, zu des Edelmanns und zu des Staats Besten, Eigenthum) bei der Koppelwirthschaft auch einziehen und dadurch Entvölkerung verursachen? — Ich antworte: ja! wenn sie dürften, und daß ihr Privatvortheil es ihnen, auch bei der zeitigen Wirthschaft in drei Feldern, schon lange angerathen haben wird; denn sie können, zu ihrem Vortheile, auch in drei Feldern den Acker höher als mit Laßbauern nützen. Es ist dazu die Koppelwirthschaft gar nicht erst nöthig, und wir finden auch auf den Rittergütern solche schon vor Alters eingezogene Bauerhöfe. Einige sind an dem Namen wüster Hof u. s. w. kenntlich, welche jetzt nur Miethswohnungen und Gärten enthalten und von den Gutsbesitzern an Einlieger vermiethet werden.

Diese Einziehungen sind schon sehr alt, also zeitiger geschehen, als man so viel auf die höhere Kultur, als jetzt, zu halten anfing. Was würde man bei einem vorhandenen Mecklenburgschen landgrundgesetzlichen Erbvergleich nicht jetzt thun, da die Ländereien gegenwärtig einen viel höhern Werth haben? was würde man nicht dann thun, wenn die Aecker durch Einführung der Koppelwirthschaft noch überdieß zu einem besseren Ertrage gebracht würden? — Aber diese Niederlegungen der Bauerhöfe sind in den Brandenburgschen Gesetzen verboten:

> Kein Gutsbesitzer soll bei 1000 Thaler Strafe Bauerhöfe einziehen, sondern sie stets besetzt halten; der Landrath und jedermann soll den entgegengesetzten Fall so fort der Behörde anzeigen. — Auch das Regiment, welches den Kanton hat, würde Interesse haben, Anzeiger zu seyn. — Es dürfen nicht mal die Ländereien der Dörfer den Städtischen zugelegt werden.

§. 79.

Man sagt aber auch, die Koppelwirthschaft hindere deshalb die Bevölkerung, weil sie wenigere Beschäftigung gebe, als die in drei Feldern. Man macht die Rechnung so:

> Wenn 266 mit Getreide bestellte Morgen so viel — Menschen beschäftigen, so werden 220 bestellte Morgen so viel — Menschen weniger beschäftigen.

So kann man nicht rechnen; denn

1) in der Koppelwirthschaft soll tiefer und in schmälere Furchen, auch öfter gepflügt, besser geegget und die Walze gebraucht werden.

2) In der Koppelwirthschaft wird mehr als nochmal so stark gedüngt. Mehrere Ausmistung, Ausladung, Fuhre, Abladung, Breitung des Mistes.

3) In der Koppelwirthschaft wird wenigstens nochmal so viel Vieh gehalten. Mehrere Arbeit beim Ein- und Ausbinden, beim Melken, Buttern, Käsen, Füttern, Futterbestellen und Ernten, Futterholen, Futterschneiden und bei der Aufziehung des jungen Viehes.

4) In der Koppelwirthschaft, wird bei dieser bessern Bestellung auf den Morgen mehr Getreide gesäet und geerntet.
Mehrere Einsaat und Erntearbeit, mehrere Erntefuhren, mehrere Drescherarbeit und Verfahrung des Getreides.

5) Man darf selbst nur die in drei Feldern bewirthschafteten Güter ansehen, so wird man schon dort finden, daß obige Rechnung auf falschen Sätzen beruhet. Manches Gut von gleicher Morgenzahl nähret oft nochmal so viele Menschen, als ein anderes von gleichem Flächenraum. Es kommt dort bloß auf die verschiedene Güte des Bodens und auf eine gute oder schlechte Kultur an. Zur besseren Kultivirung der Erde aber, und selbst zur Verbesserung des Bodens, ist eben die Koppelwirthschaft vorgeschlagen worden.

Ich will einmal eine kleine Arbeit vergebens machen und ausmitteln, wie sich die Arbeit in der Koppelwirthschaft gegen die in drei Feldern verhalten würde, wenn gar kein zu verbesserndes drei- sechs- oder neunjähriges Land und gar keine unter Pflug zu bringende Anger vorhanden wären; wenn also durch die Koppelwirthschaft kein Fuß mehr als in drei Feldern zu kultiviren wäre.

A. Das Gut von 400 Morgen.

a) In drei Feldern, wo von diesen 400 Morgen nur 329 Morgen zu bestellen waren. Seite 79.

Diese 329 Morgen kosteten	$377\frac{1}{6}$ Spanntage u.		$754\frac{1}{6}$	Handtage.
Dazu Wiesewachs und Vieh	$2\frac{1}{3}$	=	= $517\frac{1}{2}$	=
Summa	$379\frac{1}{2}$	=	= $1271\frac{2}{3}$	=
b) 400 M. werden also kosten	451	=	= 903	=
Dazu Wiesewachs und Vieh	$2\frac{1}{3}$	=	= $517\frac{1}{2}$	=
Summa in drei Feldern	$453\frac{1}{3}$	=	= $1420\frac{1}{2}$	=
400 M. kosten in 9 Schlägen	$437\frac{1}{3}$	=	= $2127\frac{1}{3}$	=

In 9 Schlägen also Minus 16 Spannt. Plus $706\frac{5}{6}$ Handtage.

Es werden also bei diesem kleinen Gute von 400 Morgen, selbst wenn supponirt wird, daß dabei keine zu kultivirende drei- bis zwölfjährige Aecker und keine zu kultivirende Weideanger vorhanden sind, in der Koppelwirthschaft dennoch schon über zwei Menschen mehr in Aktivität gesetzt. Die wenigern Spanntage entstehen dagegen nur, wenn man in drei Feldern zu dem Rocken und zu der Gerste allemal dreimal und zu dem Hafer zweimal pflügte, welches doch nicht geschieht, und wenn es auch wäre, dagegen bei der Koppelwirthschaft tiefer und in schmälere Furchen gepflügt werden soll, so daß sich so gar hier die Spannarbeit mit der in drei Feldern wenigstens gleich verhält.

B. Das Gut von 800 Morgen.

a) In drei Feldern wo nur 609 Morgen zu bestellen waren; weil, wie bei dem Gut von 400 Morgen, von 80 Morgen neunjährigem Lande jährlich im Durchschnitt nur neun Morgen bestellet wurden; hier auch 120 Morgen Anger nicht zum Pfluge kommen. Seite 92.

Diese 609 Morgen kosteten	$795\frac{7}{12}$ Spanntg. u.		$1825\frac{1}{6}$	Handtage.
Dazu beim Heumachen und Vieh	$4\frac{1}{6}$	=	= $916\frac{5}{6}$	=
Summa	$799\frac{3}{4}$	=	= 2742	=
b) 800 M. werden also kosten	1036	=	= 2378	=
Dazu Wiesewachs und Vieh	$4\frac{1}{6}$	=	= $916\frac{5}{6}$	=
Summa in drei Feldern	$1040\frac{1}{6}$	=	= $3294\frac{5}{6}$	=
800 M. kosten in 13 Schläg.	$982\frac{1}{2}$	=	= $4149\frac{3}{4}$	=

In 13 Schlägen also Minus $57\frac{2}{3}$ Spannt. Plus 855 Handtage.

Es würden also, wenn auch bei der Wirthschaft in drei Feldern wirklich jährlich zwei Drittel der ganzen Feldmark allenthalben im Staate bestellt würden, wie doch keinesweges ist, §. 76., in der Koppelwirthschaft, bei einem Gute von 800 Morgen, selbst bei der sechsjährigen Düngung, dennoch schon an drei mehrere Menschen erforderlich seyn; dagegen die in drei Feldern wenig mehr berechneten Spanntage, mit der bessern und tiefern Arbeit in der Koppelwirthschaft, wenn auch dort so oft gepflügt wurde, als angenommen ist, dennoch balanziren.

Hat nun ein Gut von diesem Boden einen Wirth, welcher, nachdem das Land erst durch die Koppelwirthschaft so weit verbessert worden, auf den besten Theil der Feldmark die halbe Stallfütterung der Kühe einführt, und diesen dann
3 Jahre nach einander mit Getreide bestellt, ihn darauf 1 Jahr brache liegen läßt, dann wieder mit Getreide 3 Jahre bestellt, endlich mit Kleesämereien 2 Jahre, also bei solcher Stallfütterung in diesen 9 Schlägen bewirthschaftet, und dann nur den schlechtern Boden in Holsteinischen Koppeln läßt, so ist die Arbeit und der Vortheil noch größer. Was dazu erforderlich ist, zeigt Seite 102 und 103. — Endlich wird er den von Natur vorzüglich guten Boden zu so hoher Kultur bringen können, daß er auf den Morgen jährlich zwei Fuder Mist wenigstens geben und ihn dabei vier und fünf Jahre mit Getreide, das fünfte oder sechste Jahr mit Klee und andern Futtergewächsen, statt der todten Ruhe, ganz oder doch zum Theil und wenn es nöthig wird, mit Abwechselung dieser Wirthschaft mit der vorstehenden neunschlägigen, nützlich bestellen kann. — Und dies sind die guten Aussichten zur immer mehr steigenden Nutzung und Bevölkerung der Erde, mittelst einer vorhergehenden guten Koppelwirthschaft!

§. 80.

Man nimmt bei der Besorgniß, diese Wirthschaft werde der Bevölkerung schaden, auch die erste rohe, oder eine schlechte Bewirthschaftung der Aecker in Koppeln an, wo man Grasung und Heuwerbung der Natur gänzlich überläßt, und wo man, statt die Koppel in der Mitte ihrer Bestellungsjahre mit Klee zu besäen, sie bloß brache liegen läßt. Schon dann ist die Koppelwirthschaft nützlicher, als die jetzige in drei Feldern, wie man sich nach Seite 112 berechnen kann.

Aber jetzt ist man weiter. Im Holsteinschen, wo der meiste Boden, wegen der dort schon lange getriebenen Koppelwirthschaft, zum Graswuchs geneigt ist, vermehrt sich selbst der Bauer die Grasung und das Heu durch den Kleebau, verbessert und verzeitiget sich damit die Weidungen.

Im Brandenburgschen, wo nicht der meiste Boden in der ersten magern Zeit zum vorzüglichen Graswuchse von Natur besonders geneigt seyn möchte, wird die Beschäftigung mit dem Kleebau, welche, wegen des Trocknens zu Heu, weit mehrere Arbeit und Hände kostet, als die Grasheuung, um so nothwendiger, und noch mehr und ganz eigentlich dadurch, daß man auf den meisten Gütern, das Vieh, welches bei der Koppelwirthschaft auf der Grasung gehalten werden kann, ohne Kleeheu gar nicht durchzuwintern im Stande ist. — Die Güter an Strömen und Brüchern haben ja nur Heu, die übrigen gar keins oder doch nur sehr kärgliches.

Dieserhalb würde eine Landesverordnung über Koppelwirthschaft auch mit enthalten können:

Daß diejenigen, welche die Koppelwirthschaft treiben wollten, jährlich eine ganze, oder wenigstens doch eine halbe Koppel mit Klee zur Heuwerbung bestellen müßten; diejenigen aber, welche in den Koppelweiden überdies die größte Morgenzahl mit nützlichen Kräutern zur Grasung oder zur Stallfütterung besäet haben würden, Prämien haben sollten.

Denn wenn man nun, bei der Möglichkeit, wenigstens nicht die zur angegebenen Düngung nöthige Zahl Vieh halten wollte; so würde aus solchen einzelnen faulen Wirthen doch nichts.

§. 81.

Man möchte daher wol noch einwenden wollen:

Es sey nicht ausgemacht, daß der Landmann in der Koppelwirthschaft wirklich besser und öfter pflügen, eggen, auch wenigstens zur Sommerung die nützliche Walze anwenden werde.

Aber dann wäre die Frage nicht, wie ist der Acker besser zu nutzen, sondern, wie ist der Landmann aus einer schändlichen

Trägheit zu bringen? — Denn, wegen des Zusammenhangs aller Umstände in drei Feldern, welche bei der II. Frage aus einander gesetzt worden, konnte die Erde dort nicht besser bestellt werden. Hier aber sind die übelen Umstände gehoben, hier soll, ohne eher mehrere Arbeit zu haben, als der mehrere Gewinn eintritt, die Erde nützlich gebauet werden.

§. 82.

Man nimmt auch wol an, man werde das Land
6 Jahre zur Weide liegen lassen,
2 „ bestellen, darauf
1 „ brachen, dann nur wieder
2 „ bestellen; also vier Jahre Getreide tragen und sieben Jahre ruhen und brachen lassen.

Aber einmal ist der Märksche Landmann schon aus alter Gewohnheit mehr für den Getreidebau als für die Viehzucht, zumal das Getreide bei uns in gutem Preise erhalten wird. Sodann kann der meiste Acker, wegen seiner Lage, nur vier und höchstens fünf Jahre mit Nutzen Gras tragen. — Hier ist also nichts zu befürchten. — Ueberdies können Landesgesetze die Gränzen vorschreiben.

§. 83.

Man sagt auch, in den ersten Jahren der Koppelwirthschaft leide die Summa der Scheffelzahl der Ernten; weil der Acker doch nicht gleich das erste Jahr mehr Getreide geben könne, und gleichwol schon das erste Jahr mehr Land als sonst in Ruhe gelegt werde.

Ich erwiedere,

1) Die Koppelwirthschaft kann nicht so befohlen werden, daß es heißt: von Trinitatis 1793 an nimmt sie im ganzen Lande ihren Anfang.

Man wird sie nur dem Beamten befehlen wollen, und auch diesem erst, wenn sein Kontrakt abgelaufen ist. Diese Kontrakte laufen nicht alle in einem und demselben Jahre ab, sondern in verschiedenen und späteren Jahren. — Von selbst aber werden sich die Beamten dazu nicht drängen; denn sie werden meinen: wenn die Koppelwirthschaft mehr einbringt, so werden wir auch mehr Pacht geben sollen. Andere, die Freunde des alten Herkommens, die vielleicht auch in ihrem Leben davon nichts gehört haben, werden sich sträuben und sagen: es geht nicht, denn es ist die Landesart nicht *).

*) Noch andere, und auch Pächter der Rittergüter möchten sich berechnen wollen, die Koppelwirthschaft sey gerade zu wieder ihr Interesse. — Ich bitte zu bestimmen, wiefern ihre Rechnung unrichtig seyn würde, wenn sie etwa sagten:

1) Die Koppelwirthschaft verlangt einen weit stärkeren Viehstand. Wir müssen also, bei Uebernahme einer sehr großen Pacht, einen ansehnlich größern Geldvorschuß machen, den nicht mal ein jeder von uns aufzubringen im Stande ist.

2) Wir sind Generalpächter, wir haben ganze Aemter, oft von 8 bis 20 Dörfern. Wir können nur die Wirthschaft auf 2 und 3 der nächsten Vorwerke übersehen, die bequemsten von uns bewirthschaften gar nur ein Dorf. Die übrigen verpachten wir selbst. Es möchte uns schwerer werden, eine solche Vielheit von Unterpächtern, als jetzt, zu haben, wenn mehr Vorschuß erforderlich wird, und je stärker die Konkurrenz solcher Unterpächter ist, desto vortheilhafter verpachten wir.

3) Besonders aber ist uns der Acker, nach der Würdigung der geschwornen Taxanten, veranschlaget worden. In drei Feldern kann er, bei unserer Lebenszeit, auch künftig nicht merklich höher geschätzet werden. — Hiernach ist der Acker berechnet, z. E.

600 Morgen zu Gerstenland,
300 " zu gutem Haferlande,
600 " zu schlechtem Haferlande,
300 " zu dreijährigem Lande,
200 " zu sechsjährigem Lande,
100 " zu neunjährigem Lande.

Darnach zahlen wir auch nur die Pächte. — Sind wir fleißige Wirthe und halten einen guten Viehstand; so hilft uns dieser ein Drittel, oder wol gar die Hälfte der Brache von dem Gerstenlande mit Vortheil bestellen, wofür wir keine Pacht geben, und welches dann ganz unser eigener Gewinn ist. Wir bestellen auch wol das sechsjährige Land alle vier Jahre, und das als neunjährig veranschlagte Land alle sechs Jahre. Auch dieser Vortheil ist allein der unsrige, und er steht nicht zu verargen, da er von unserm Fleiße herrührt, wir auch wol in andern Stücken der Pacht etwas zu hoch angesetzet sind. —

Aber bei der Koppelwirthschaft möchte vielleicht alles dieses wegfallen. Die Nutzung der Aecker, der Ertrag des Viehstandes und die Zahl desselben kann dort genauer berechnet werden; man wird nach einiger Zeit zuerst das Haferland zweiter Klasse zur ersten Klasse, das siebenjährige zum zweitem Haferlande, das sechsjährige Land zum dreijährigen, das neunjährige zum sechsjährigen, oder gar auch wol zum Werth des dreijährigen ziehen, und so immer weiter gehen. Da

Ueberhaupt aber steht von einer weisen Regierung zu erwarten, daß sie dieses große und wichtige Werk, wenn es ihr beliebt darin zu entriren, nach und nach einzuführen selbst wollen, und daher diese Koppelwirthschaft in jeder Provinz hier und da, und zwar zuerst bei den geschickteren und fleißigern Wirthen, welche dazu auch guten Willen haben, angehen lassen werde, damit die anderen sich erst belehren und sich erst selbst von dem Vortheil überzeugen können.

Ich erwiedere auch

2) Daß es außerdem von dem einzelnen Wirth selbst sehr unrichtig gehandelt seyn würde, wenn er die Koppelwirthschaft in dem Jahre, worin sie ihm eben einfällt, so anlegen wollte, daß die ersten Jahre viele Einkünfte verloren gehen müßten. Ich habe daher bei der Angabe des Plans zu neun, zehn und dreizehn Schlägen hierauf Rücksicht genommen; ja, es braucht das erste Jahr gar nichts, oder doch nur so viel mehr zur Ruhe gelegt zu werden, als nöthig ist, die Koppel, worin mit der Sommerung Klee bestellt werden soll, so zu beackern, daß er darin Gedeihen haben kann. Wir wissen aber, daß wenigere gut bestellte Morgen mehr in den Scheffel bringen, als viele schlecht bestellte.

§. 84.

Allein wenigstens werden die armen Hirten vermindert? — Als solche, vielleicht, ja, es werden solcher Tagediebe, wie die meisten sind, weniger. Aber so viel mehrere fleißige Leute braucht man dagegen beim Mähen, Ernten, Dreschen, zur Aufsicht beim Vieh, zum Futtern und Futterschneiden für das-

selbe,

möchte es möglich werden, unsere Wirthschaft und unsern Gewinn davon noch genauer zu kontrolliren, und man kann dann vielleicht noch mehr einsehen wollen, es sey dem Staate vortheilhafter, die Domänen, Dörferweise in Zeitpacht, oder wol gar in Erbpacht zu vertheilen, worüber die Kameralisten, zum Glück, jetzt noch in Streit sind, und dagegen muß auch ein jeder Pächter streiten.

Ich bin überzeugt, daß nicht alle so denken, sondern daß viele patriotisch genug sind, um dem allgemeinen Wohl den Vorzug zu geben; zumal sie versichert seyn können, daß auf ihren Wohlstand, bei aller Wirthschaftsart, sorgfältig geachtet werden müsse. — Aber die Meinung derjenigen Pächter, welche etwa anpreisen wollten, die jetzige Wirthschaftsart sey die beste, muß deshalb doch partheiisch scheinen.

selbe, bei dem Abholzen und Ausbessern der Knicke, bei der Instandehaltung der Gräben und der Tränken, auch bei der Fischerei. — Diese armen Leute würden also fleißig werden müssen. — Dagegen bliebe der Schäfer in seinem alten Wesen; so auch der Schweiner, da bei großen Molkereien auch die Schweinezucht vermehrt wird.

Die Wirthschaft in drei Feldern giebt auch nur dem Tagelöhner, während der Ernte, im Sommer Brot. Wo nicht stärke Holzungen vorhanden sind (und an welchen vielen Orten sind diese noch bei den Landgütern?) Da werden nach der Ernte bloß einige beim Dreschen beschäftiget. — Im Winter müssen diese Leute oft darben. Daher kann man auch in der Ernte nicht hinreichende Arbeiter haben. Eben wegen des Mangels an Arbeit im Winter, etabliren sich nicht genug.

Die Koppelwirthschaft aber beschäftiget nicht nur bei der Ernte mehrere solche Häusler; sondern es bleibt ihnen auch nach derselben, außer dem mehrern Dreschen, noch das Fischen der Teiche, die Ausmoderung derselben, die Instandehaltung der Gräben und der Wälle, die Abholzung der Knicke; und die Arbeit bei dem Vieh, nachdem es in die Ställe gezogen worden, vermehrt sich auch noch an Futterschneiden, Ausmisten u. s. w.

§. 85.

Die Koppelwirthschaft wird demnach in der Mark Brandenburg den Landmann, den Staat und die Bevölkerung bereichern. Sie wird demnächst noch den schweren Boden bald zubereiten, daß er alljährlich mit Abwechselung von Futterkräutern; der gute, wo nicht auch alljährlich, doch er und der Mittelacker nützlich in vier Feldern, oder in der Seite 156 angezeigten Art von neun Schlägen, bewirthschaftet werden kann, ihn also zum höchsten Nutzen, und damit zugleich die Möglichkeit der höchsten Bevölkerung zubereiten.

Segen also und hohe Ehre dem, welcher beiträgt, die Koppelwirthschaft in die Mark Brandenburg einzuführen; denn er vermehrt die Stärke und den Reichthum des Vaterlandes! —

C.

Anhang.

Kann in der Mark Brandenburg die Wirthschaft, aus drei Feldern, ohne vorhergegangene Koppelwirthschaft, in die Wirthschaft von vier Feldern allgemein, oder doch zum Theil nützlich übergehen?

§. 1.

Die Wirthschaft in vier Feldern reitzet noch meine Aufmerksamkeit. Bei ihr werden eigentlich drei Viertel des ganzen Feldes zum Getreidebau verwandt, ein Viertel zur Brache.

§. 2.

Man hat vorgeschlagen, sie könne, ohne erst die Koppelwirthschaft als ein Verbesserungs- und Zubereitungsmittel anzunehmen, in der Mark Brandenburg, worin bisher die Wirthschaft in drei Feldern getrieben wurde, damit unmittelbar verwechselt werden, und man würde dabei gleich, bei eben so starker Viehnützung, mehreres Getreide bauen, und mehrere Menschen beschäftigen, als bei der Koppelwirthschaft.

§. 3.

Man schlägt deshalb vor, ein Achtel des ganzen Feldes jährlich in der zweiten Saat mit Klee zu bestellen, ihn drei Jahre stehen zu lassen, solcher Gestalt ein Viertel des ganzen Feldes mit Klee bestellt zu halten, und sich so das Stallfutter für Sommer und Winter zu schaffen. Der Plan wäre zu einem Gute von 400 Morgen:

Feld.	erstes Jahr.	zweites Jahr.	drittes Jahr.	viertes Jahr.
erstes Feld.	100 M. Rock. u. Weitzen.	100 M. Gerste u. Hafer ꝛc. dabei in 50 M. Span. Klee	50 M. Klee. 50 ⸗ Buchw. Kartoff. ꝛc.	50 Morgen Klee. 50 ⸗ Brache.
zweites Feld.	100 M. Gerste u. Hafer ꝛc. dabei in 50 M. Span. Klee	50 M Klee. 50 ⸗ Buchw. Kartoff. ꝛc.	50 Morgen Klee. 50 ⸗ Brache.	100 M. Rocken u. Weitzen
drittes Feld.	50 M. Klee. 50 ⸗ Buchw. Kartoff. ꝛc	50 Morgen Klee. 50 ⸗ Brache.	100 M. Rocken u. Weitzen	100 M. Gerste u. Hafer ꝛc. dabei in 50 M. Span. Klee
viertes Feld.	50 M. Klee. 50 ⸗ Brache.	100 M. Rocken u. Weitzen	100 M. Gerste u. Hafer ꝛc. dabei in 50 M. Span. Klee	50 M. Klee. 50 ⸗ Buchw. Kartoff. ꝛc.

§. 4.

Die Wirthschaft in drei Feldern gefällt ihnen nicht, weil die darin bestellte Morgenzahl nicht Getreide genug abwirft; und sie wirft, nach ihrer Meinung, deshalb nicht Getreide genug ab, weil die Aecker nicht gehörig gedünget, auch, wegen der nöthigen geringhaltigen Brachweide und der Folgen daraus, weder zeitig genug, noch gehörig gepflügt und bestellt werden können. — Jeder vernünftige Wirth muß ihnen Recht geben. Sie behaupten ferner, obgleich nach diesem Plan wenigere Morgen, fünf Achtel statt sonst zwei Drittel, mit Getreide bestellt werden, der viele Dünger von dem Stallvieh doch machen soll, daß diese wenigern Morgen mehr Getreide bringen, als die mehrern Morgen in drei Feldern.

§. 5.

Nun ist ihr Mittel, diese Aecker wieder in kräftigen Stand zu setzen und zu solchem höheren Ertrage zu bringen,

Der Bau der Futterkräuter, um das Vieh besser, und um mehreres Vieh in dem Stalle zu füttern.

Dadurch wollen sie so viel Mist gewinnen,

Daß der Acker nicht nur wieder zu Kräften kommen soll, sondern auch, daß er noch überdem drei gute Früchte nach einander tragen könne, da er in drei Feldern nur zwei Früchte nach einander trug; und daß er, statt er sonst das dritte Jahr brache lag, nur das vierte Jahr brache liegen dürfe.

Ferner wollen sie damit bewirken,

Daß der Kleebau dem Acker als zwei Brachjahre angerechnet werden könne; mithin soll er eigentlich nur alle acht Jahre ein Jahr brache liegen, nachdem er
fünf Jahre Getreidefrüchte und
zwei „ Klee getragen hat.

§. 6.

Die Stallfütterung einführen, viele Futterkräuter bauen, den Acker zum bessern Ertrage bringen, das zurückgekommene

Land noch öfter als sonst bestellen — alles zu gleicher Zeit auf einmal, das wird, im Ganzen, der Erwartung unmöglich entsprechen!

Denn:

§. 7.

1) Die Einrichtung der Wirthschaft aus drei in vier Felder kostet gleich Anfangs mehrere Arbeit als bisher.

Es fehlte in drei Feldern an Kräften, um den Acker gehörig zuzubereiten und zeitig genug zu bestellen, um nur zwei Jahre nach einander gute Ernten zu tragen. Hier soll beides geschehen, deshalb ist die Veränderung vorgeschlagen worden. — Hier soll noch mehr geschehen, der Acker soll gleich so zubereitet werden, daß er länger als bisher trägt. So wol das Winterfeld, als das Sommerfeld wird also gleich tiefer, das Sommerfeld auch im Herbst vorher bearbeitet und von den Quecken gereinigt werden müssen; am sorgfältigsten aber die 50 Morgen, oder vielmehr das eine Achtel der ganzen Feldmark, welches jährlich mit Klee besäet werden soll.

Dieses trifft sich gleich das erste Jahr, wo noch nicht das Zugvieh durch besseres Futter tüchtiger seyn, oder aus dem besseren Einkommen mehrerer Körner vermehrt und bezahlt werden konnte. —

Bei der Koppelwirthschaft dagegen trift die Verbesserung kleinere Theile, ein Neuntel, ein Zehntel, ein Dreizehntel, und es bleibt für die bessere Arbeit so viel mehr unbearbeitet liegen. Hier ist also im Anfange alles mit dem bisherigen Gespann zu zwingen und die Summa der Arbeit nicht gleich größer, als bisher.

§. 8.

2) Der Landmann muß bei einer Veränderung seiner Wirthschaftsart im Anfange gar nichts, oder doch äußerst wenig von seinem bisherigen Einkommen verlieren, sonst nimmt er sie nicht an, oder er kommt zurück. Der Pächter fordert darauf Remission.

In drei Feldern wurden von 400 Morgen in sechs oder neunjährigem Düngerlande jährlich mit Getreide bestellet:

$266\frac{2}{3}$ Morgen. —

Hier nur, obgleich in den ersten Jahren ein stärkerer Einfall auf den Morgen und ein höherer Ertrag nicht das geringste ersetzen,

250 Morgen;

also

$16\frac{2}{3}$ Morgen weniger.

Diese würden ihm vielleicht an sich noch nicht schaden; aber er verliert zum Getreidebau die ersten vier Jahre jährlich 100 Morgen (ein Viertel des ganzen Feldes) und zwar von dem besten Acker, durch den Kleebau; denn dem Klee mußte der beste Acker gegeben werden, wo es, wie hier, Anfangs am Dünger fehlt. Diese 100 Morgen lassen sich vielleicht nicht durch 200 von seinem schlechtern Acker ersetzen. Statt eines Ersatzes überhaupt, bebaut er noch jährlich $16\frac{2}{3}$ Morgen weniger, und von der Fläche, welche er bestellet, hat er noch, außer dem wenigern Ausfalle auf den Morgen, ein ganzes oder drei Viertel Korn wenigern Ertrag, als in drei Feldern, bis dahin zu erwarten, wo er auf den zu bestellenden Morgen jährlich zwei Fuder Mist wird geben können. Seite 102 und 103.

§. 9.

3) Dem Landmanne muß auch die erstere Einrichtung bis dahin keine oder doch nur unmerklich mehrere Kosten machen, wo dagegen mehrerer Gewinn eintritt.

Hier muß gleich das erste Jahr zu einem Achtel des ganzen Landes, zu 50 Morgen (à sechs Pfund, dasselbe zu vier Groschen) für 50 Thaler Kleesamen gekauft werden. Wenn man auch annehmen will, man habe zum 2ten Jahre den Kleesamen schon selbst gewonnen; so muß dagegen doch schon gleich in diesem zweiten Jahre ein stärkerer Viehstand als bei der Koppelwirthschaft, wegen der nöthigen stärkeren Düngung, angekauft werden, ohne bereits mehrere Einkünfte gehabt zu haben.

Dieses kann die Wirthe abschrecken, sich mit der neuen noch nicht selbst erprobten Sache einzulassen; obgleich im Ganzen der Kredit zur Aufnahme des Geldes vorhanden seyn dürfte.

§. 10.

4) Wenn aus drei Feldern eine vierschlägige Wirthschaft gemacht wird; so gebraucht man gewissermaßen eher mehr Dünger, als man einmal so viel hat, wie die dreischlägige nur erforderte. — Denn die Felder waren bei der dreischlägigen Wirthschaft entkräftet worden, wegen des Düngermangels, und zwar bei nur zwei Bestellungsjahren und einem Ruhejahre. — Nun sollen sie also nicht nur so viel Mist haben, als erforderlich ist, um wieder an sich zu Kräften zu kommen, sondern zugleich auch, um noch ein Jahr länger als bisher, und zwar bei wenigerer Ruhe, Früchte zu tragen.

Wenn der Morgen, bei der Ruhe in der Koppelwirthschaft, jährlich ein und ein Drittel Fuder im Durchschnitt bedarf; so werden auf den zubestellenden Morgen jährlich zwei Fuder Mist, bei der wenigern Ruhe in vier Feldern, das geringste Maß seyn. Seite 102 und 103.

Gleich Anfangs kann aber nicht mehr Dünger vorhanden seyn, als in drei Feldern war.

Der Acker kommt also die erste Zeit, und mit ihm kommen die Erträge für den Eigenthümer noch mehr zurück. — Es ist weit leichter ganz auf das Krankenbett zu kommen, wenn man erst unpäßlich ist, als vom Krankenbette zur Gesundheit.

Anfangs wird des Düngers so gar weniger, als in drei Feldern vorhanden war. Denn es wird nicht nur von wenigern 16⅔ Morgen weniger Stroh gewonnen, sondern auch besonders dadurch, daß die besten 100 Morgen jährlich Klee tragen, und der beste Acker giebt immer das meiste Stroh. — Ferner wird man die 50 Morgen, welche jährlich mit Klee besäet werden, Anfangs wenigstens nicht ganz düngen können; also davon theils nicht gute Kleeernten haben, theils nicht erwarten können, daß der Klee, bei schlechtem Stande, dem Acker den berechneten Vortheil bringe, zumal, da er, inklusive des Jahres worin er gesäet wird, drei Jahre steht.

Schlechten Klee gewinnen, damit dazu den Acker aussaugen, dies wäre zu viel gewagt. Daher muß man im Winter, und man schlägt es auch vor, das Kleefeld mit Mist belegen, wo man, nach der befriedigten Herbstsaat, wieder welchen gesammelt haben wird. Diesen soll man zwar im Frühjahre wieder zurück nehmen und ihn auf das Sommerfeld fahren; aber man würde sich sehr betrügen, wenn man der Sommerung dieses ausgelaugte Stroh zum Dünger anrechnen wollte. Man hat also auch doppelte Fuhren und der Mist wird dazu noch verringert.

§. 11.

5) Der Landmann ist auch sehr wol belehrt, daß des Viehes Koth und Urin nicht allein vielen Dünger machen.

Ich habe besonders bei den Holländereien des Fienerbruchs im Magdeburgschen wahrgenommen, wie wenig Mist ohne ordentliche Streuung gemacht wird, da das Vieh in den ersten Jahren der Etablissements nicht gestreuet werden konnte, und man kann solches auch eine halbe Meile vor Berlin und näher sehen, auch in Berlin selbst bei den Viehmästern.

Das Stroh wird von dem Urin, welcher sonst abfließt, durchzogen, wickelt den Pferch ein, damit von beiden nichts verloren gehe, und wird, durch die Gährung und Fäulniß mit diesen Auswürfen, selbst zum Dünger.

Ich halte mich überzeugt, daß, was den Dünger betrifft, man mehr Mist machet, wenn man das Vieh mittelmäßig füttert und gut streuet, als wenn man es gut füttert und schlecht oder gar nicht streuet.

Nun aber wurde in drei Feldern nicht Mist genug gemacht, wo das Vieh

a) Mit von mehrern 16⅔ Morgen Stroh gestreuet wurde, wo
b) auch von dem besten Acker das Stroh gewonnen wurde, und
c) wo es auch nur ein halbes Jahr gestreuet werden durfte.

Jetzt soll eine mehr als nochmal so starke Zahl Winter und Sommer, also ein halbes Jahr länger, im Stall bleiben, und Stroh von wenigern 16⅔ Morgen, auch nur allein vom schlechtern, unergiebigern Acker zur Streue erhalten, ehe derselbe dagegen in den Stand gesetzt war, reichere Stroherndten zu liefern

Die Vermehrung des Mistes wird also auch bei der Stallfütterung, unter solchen Umständen, weit langsamer geschehen, als es das Ansehen haben mag.

§. 12.

6) Dennoch muß man, wenn man die Aussicht des Ziels behalten soll, den Acker hier zeitiger sämmtlich im Stande haben, als in der Koppelwirthschaft nothwendig ist, wozu doch die Düngervermehrung nicht so die Hoffnung giebt.

Denn im fünften Jahre wird der Klee wieder in dasselbe Feld gesäet. Soll er nun wieder auf dieselben 50 Morgen des besten Ackers kommen; so steht zu besorgen, außer daß dieser beste Acker der Feldmark für den Getreidebau noch länger verloren ginge, daß der Klee, da er nach dreijährigem Stande, nur ein Jahr davon entfernt war, gar nicht zu mittelmäßiger Vollkommenheit gedeihen möchte, wodurch man mit dem Vieh in die größte Verlegenheit gerathen und den guten Acker noch dazu verderben würde.

Der Acker bedarf der Abwechselung bei allen Pflanzen, und beim Klee noch mehr, je mehr Kräfte er gebraucht. — Daß er dieser stark bedarf, beweiset schon, daß er in ausgehungertem Boden nicht bis zur Mittelmäßigkeit kommt. Es beweisen solches auch seine untersuchten Bestandtheile, wornach er Gyps, vitriolisirten Weinstein, Laugensalze, Digestivsalze, Kiesel-, Thon- und Kalkerde, Eisen und Braunstein enthält. Bei gutem Stande saugt der Klee den Acker zum Getreidebau nur deshalb nicht aus; weil er seine Kräfte tiefer heraus holt als das flachwurzelnde Getreide, und er lockert für dieses den Boden auf, dadurch, daß seine tiefgehende starke Wurzeln verfaulen, und bereichert ihn so wol damit, als mit dem Safte seiner Blätter, wenn er umgepflügt wird.

Aber zu erwarten, daß die Tiefe in einem Jahre wieder die für ihn erforderlichen Kräfte gesammelt haben werde, die er in drei Jahren nach sich nahm, und nun wieder auf drei Jahre bedarf, wäre zu viel.

Dieses ist die Ursache, warum es einigen Wirthen einfällt zu behaupten:

> Der Klee sauge den Acker doch aus, und er gerathe nicht mehr so, wie Anfangs.

Ich habe selbst ein paar sonst sehr gute Landwirthe so sprechen hören. Als ich näher nachfragte, hörte ich, daß sie ihre bestimmte Kleestellen hatten. — Man besäete sie:

im 1sten Jahre mit Winterung; darauf
im 2ten " " Sommerung, darin Klee;
im 3ten " " Klee 2tes Jahr,
im 4ten " " Klee 3tes Jahr; darauf
im 5ten " " Winterung,
im 6ten " " Sommerung, darin schon wieder Klee.
im 7ten " " Klee 2tes Jahr,
im 8ten " " Klee 3tes Jahr u. s. w.

Ein ähnlicher Fall kam mir im vorigen Herbste auf einem kleinen Gute vor, welches einer meiner Verwandten gekauft hatte. — Ich sagte zum Meier, die Stelle da im großen Garten schickt sich gut zum Klee. Er behauptete aber, der Klee wolle dort nicht fort, man hätte ihn drei Jahre nach einander gesäet und ausgebessert, er komme doch nicht fort. — Ich erwiederte: es wird an dem Samen gelegen haben. Er zeigte mir aber auf dem Felde im schlechtern Boden von demselben Samen bessern Klee. — Ich erfuhr darauf, daß dieses sonst die beständige Kleestelle gewesen war, er hätte noch vor vier Jahren dort vortrefflich gestanden, und ich zeigte solches dem neuen Besitzer an. — Daher ist mir die Regel wichtig: man bringe den Spanischen Klee nur alle sechs Jahre auf dieselbe Stelle, dünge ihn, außer dem Mist welchen das Getreid erhielt, womit er bestellet wurde, mit Gyps, welchen seine Pflanzen enthalten und also auch bedürfen, nütze ihn höchstens nicht über zwei Jahre, und pflüge ihn, wenn er dann wieder sechs bis acht Zoll hoch steht, mit unter.

§. 13.

7) Wenn es so schwer halten wird, den gewöhnlich noch alle sechs und neun Jahre gedüngten Acker in guten dünglichen und in solchen Stand zu setzen und zu erhalten, damit er gleich aus drei Feldern in vier Schläge bewirthschaftet werden kann, wann würde man an die Verbesserung des nie gedüngten drei-, sechs-, neun- und zwölfjährigen Landes denken können? — und dieses ist doch wol ein sehr beträchtlicher Theil des Ganzen, also wol werth auf seine Verbesserung mit aller Aufmerksamkeit zu denken?

Bei der Koppelwirthschaft kommt dieser drei- bis zwölfjährige Acker zu kleinen Theilen in die Schläge; dort bleibt er aber beisammen liegen, oder man nimmt von ihm allemal nicht weniger als ein Viertel. Bei der Koppelwirthschaft hat man nur ein Neuntel, ein Zehntel, ein Dreizehntel dieses schlechten Ackers eines ganzen Guts jährlich zu verbessern, und der Dünger wird gleich auf diese kleinen Theile mitgerechnet, wenn an die Koppel, welcher er zugeschlagen ist, die Düngung steht.

Also auch hierin hat die Koppelwirthschaft den Vorzug, daß sie ein leichteres Zubereitungsmittel zum höheren Ertrage ist.

§. 14.

8) Wenn man jemanden, besonders dem Bauern, eine andere Wirthschaftsart annehmlich machen will; so muß sie von dem vorigen Geleise nicht allzu sehr auf einmal abgehen; sonst findet man keinen Eingang.

Bei der Koppelwirthschaft ist eigentlich nur ungewöhnlich neu der Anbau des Klees auf ein Neuntel, ein Zehntel, ein Dreizehntel u. s. w. seines Ackers; hier in vier Feldern aber auf ein Viertel, und dabei die Stallfütterung. — Eine kleine Ungeschicktheit kann dem Landmanne hier gleich im zweiten und dritten Jahre einen solchen Stoß geben, daß ihn nichts in der Welt abhält, wieder zu seiner dreischlägigen Art zurück zu eilen. Z. E. wenn er nicht bis auf spät genug mit Heu oder Kleeheu versehen ist, und wenn ein kaltes Frühjahr den Klee zurückhält, oder wenn ein dürres Jahr macht, daß er nicht genug gewinnt u. s. w.

§. 15.

Diese und mehrere Gründe, welche ich, zu Vermeidung noch größerer Weitläuftigkeit, nicht noch anführen mag, bestimmen mich, dafür zu halten:

Daß es ohne vorher gegangene Koppelwirthschaft, welche erst den Acker im Stande setzen muß, nicht angehe, in die Mark Brandenburg die Wirthschaft in vier Feldern mit einigem Nutzen für den Staat und den Eigenthümer allgemein einzuführen, sondern daß man dadurch den Acker, auf Kosten der Eigenthümer, welche keine zu verlieren haben, noch mehr entkräften und damit auch den Landmann zurücksetzen würde.

§. 16.

Ich nehme davon billig aus, außer der Wische in der Altmark, die wenigen Güter von schwerem Boden, z. E. in der Ukermark; ferner diejenigen wenigen Güter von gutem Boden, welche durch die Stärke der Düngung, sie komme nun von demjenigen Vieh, welches auf dabei seyender vortrefflicher Weide gehalten wird, oder von demjenigen Vieh, welches einer oder mehrere wohlhabende Landwirthe, bei einer schon lange mit Vortheil bestandenen Stallfütterung, gehalten haben, nicht zurück gekommen sondern in gutem Stande erhalten sind. — Aber dieser vortrefflichen Güter und dieser weisen und wolhabenden Hausväter, selbst auf Gütern von gutem Boden, sind so wenige, daß ich darauf nicht einen Vorschlag für das Ganze machen konnte.

§. 17.

Auch im Holsteinischen findet man einige Güter in ähnlicher Art bewirthschaftet, wo der Acker fünf Jahre nach einander Getreide trägt, nur das sechste Jahr gebrachet wird, und mit dem siebenten Jahre die Bestellung von neuen angeht. — Diese Güter haben, wie leicht zu erachten ist, einen fetten, zum Getreidetragen ganz vorzüglichen Boden, bei hinreichender tiefen Grasung außer demselben.

Die in Holsteins Nachbarschaft liegende Insel Femern, deren Boden im Getreideertrage dem Marschlande gleich kommt und welche deshalb berühmt ist, bewirthschaftet ihre Felder gleichfalls in ähnlicher Art, indem sie dieselben etwa mit vier bis fünf Früchten nach einander bestellt und dann zwei Jahre zum Kleebau nützet.

§. 18.

Aber in der Mark Brandenburg muß im Ganzen die Koppelwirthschaft vorangeschickt werden. — Warum auch nicht dieses Vorbereitungsmittel, da es dem Staate, wie ich bewiesen zu haben glaube, an und vor sich schon in allen Stücken so außerordeutlich nützlich ist, ohne dagegen auf der andern Seite einen Schaden, ich wüßte auch nicht den geringsten wahren Schaden, bei sich zu führen.

Man muß also stuffenweise gehen. — **Würde wohl jemand weise handeln, wenn er das kleinere Gute bloß deshalb verwürfe, weil er ein beabsichtigtes größeres nicht haben kann, zumal, wenn ihn jenes zu diesem führete?**

---

§. 19.

Ich habe bisher gesagt, die Koppelwirthschaft sey besser, als die in drei Feldern; die Wirthschaft in vier Feldern sey, unter Umständen, besser als die Koppelwirthschaft, jedoch lasse sich jene in die Mark Brandenburg nicht allgemein, wie diese, einführen; die Mark Brandenburg enthalte aber kleinere

Theile, §. 16. dieses Abschnitts, wo die Wirthschaft in vier Feldern doch mit Nutzen eingeführt werden könne.

Ich werde also, zur Vermeidung eines Mißverständnisses, und um in den Stand zu setzen, allenthalben selbst ausmitteln zu können, welche Wirthschaftsart jedem Felde, nach meinem Dafürhalten, die angemessenste sey, meine über die Wirthschaft in vier Schlägen an verschiedenen Stellen geäußerte Meinung, noch kürzlich im Zusammenhange vortragen.

§. 20.

Ich meine nämlich:

1) Für den ganz schweren Acker in der Börde (Magdeburgisch) in der Wische, auch für denjenigen Theil der Ukermark, welcher, bei guter Bestellung nach der jetzigen Weise, in solchem Stande ist, daß er das siebente bis zehnte Korn Weitzen trägt, und für jeden diesem gleichen Boden, sey so wol die Holsteinsche Koppelwirthschaft, als auch die Wirthschaft in vier Schlägen zu schlecht, man nütze ihn jetzt auch größtentheils wirklich mehr. — Ich würde vorschlagen, diesen Boden, nach seiner Güte, entweder wie auf Femern, oder in der Art zu bewirthschaften, wie am Ende des §. 79. angezeigt ist.

2) Man lasse diejenigen Güter, oder diejenigen Theile derselben, welche bisher in vier Feldern wirklich nützlicher, als in Holsteinschen Koppeln möglich ist, bestellet worden, so lange bei der Wirthschaft in vier Schlägen, bis man sie nach der §. 79. bezeichneten bessern Einrichtung bewirthschaften kann.

Die Güter in der Mark können aber nur nützlicher in vier Schlägen, als in Koppeln bestellet worden seyn, wenn sie guten Acker wenigstens in dreijähriger Düngung, wenn sie also dabei auch gute und solche Weidung haben, welche nicht mit mehrerm Gewinn gleichfalls untern Pflug gebracht werden kann, oder wenn das Rindvieh auch im Sommer gänzlich, wenigstens des Morgens und Abends, im Stalle gut gefüttert wird. In letzterm Falle bedarf es eines geringern, aber dennoch eines größern Umfangs an Weide, als die Brache der vier Felder ist. Diese Weide muß überdieß gute und süße Gräser haben, damit das Vieh nicht lieber bis zur Stunde hungere, wo es Klee, Luzerne u. s. w. im Stall giebt.

3) Man bewirthschafte das Weitzenland und das erste Gerstenland eines Guts, welches bisher in drei Feldern bewirthschaftet worden, gleich in den bezeichneten vier Schlägen,

das übrige in der zuerst abgehandelten Art der Holsteinschen Koppeln.

Ersteres Land pflegt bei uns, da es gewöhnlich nur den kleinsten und nächsten Theil eines Guts enthält, schon in dreijähriger Düngung zu stehen, und davon die Hälfte in der Brache besäet zu werden. Dieses Land wird also in vier Schlägen nicht so viel als bisher belästiget (§. 3. dieses Abschnitts) und so natürlich gute Erde bedarf auch zu solcher Bewirthschaftung die starke Düngung à jährlich zwei Fuder auf den zu bestellenden Morgen nicht ganz nothwendig in diesem so großen Maße, gleich von Anfang an, als das mittlere und das leichtere Land, S. 6. Aber sie wird in dieser Quantität nothwendig, so bald man wiederholentlich unreines Getreide merkt. — Die Vermischung mit Unkrautsämereien und die schlechten Ernten selbst sind das Zeichen, daß es dem Acker an Kräften fehlt, auch, daß er nicht oft und tief genug bearbeitet worden.

4) Wenn man so weit gekommen ist, daß schon alles Land einen bis zwei Zirkel der Koppelwirthschaft hindurch, jährlich $1\frac{1}{3}$ Fuder, also in 3 Jahren 4 gute Fuder Mist erhalten, das ist, in dreijährigem Dünger gestanden hat; so lege man das noch übrige Gerstenland (so fern demselben, ohne Abbruch der für die dabei ferner bleibenden Holsteinschen Koppeln bestimmten $1\frac{1}{3}$ Fuder, auf jeden zubestellenden Morgen, jährlich 2 Fuder Mist gegeben werden können) aus den Koppeln, auch in 4 Schläge, und lasse das dann nur noch bleibende Haferland, auch, wenn sonst nicht Weide genug übrig bliebe, das schlechte kleine Gerstenland, beständig in Koppeln Holsteinscher Art, und zwar in so viel Schlägen ferner bewirthschaften, als nöthig sind, damit die einzelnen Koppeln nicht zu klein an Umfang werden. Man sehe darnach auch zu, wie man die am Ende des §. 79. angezeigte, unter Umständen noch bessere Art, als die in 4 Feldern ist, bei dem schwerern Acker, anwenden könne.

§. 21.

Auf solche Art wird man die Erde, nach ihrer verschiedenen Güte in der Mark, sehr hoch nützen können. Man wird von dem Klee aus demjenigen Theile, welcher in vier Schlägen bewirthschaftet wird, das Heu, wenn solches nöthig ist, vermehren, und davon noch, im Sommer, bei dem Rindvieh die halbe Stallfütterung nützlich einführen, das ist, man wird ihm dann des Morgens und des Abends, ohne einem andern Theil der

Wirthschaft zu schaden, ein Futter, bei zu kaltem und zu nassem Wetter aber, auch das Futter für die übrige Zeit solcher Tage, im Stalle reichen können. Man wird zugleich in den übrigen Grasungsstunden für das Rindvieh und für die Schafe, außer den Forsten und Lehden für letztere, in den dann noch übrig bleibenden Holsteinschen Koppeln, gedeihlichere und zureichendere Weidung haben, als die Brache in 3 Feldern und als die schlechtere in 4 Feldern ist. Dabei wird man endlich auch, so wol die in der Grasung unergiebigen Weidungsmarschen und Anger mit zum Getreidetragen, als auch die nie gedüngten und daher äußerst schlechten 3 bis 12jährigen Aecker zur Düngung und dadurch zum reichern Getreideertrage gezogen haben.

§. 22.

Um überhaupt so wenig als möglich, mit meinem Vorwissen, unbestimmt zu lassen; so erkläre ich noch, daß ich dafür halte, es werde schwer seyn, die vierschlägige Wirthschaft **in allen Theilen und bei allen Gütern der Mark Brandenburg jemals ganz und allein am nützlichsten einzuführen:**

1) Weil ich nicht dafür seyn kann, daß die ackerbaren Grasungsanger, zur immer schlechtern Grasung, ferner beständig so liegen bleiben und dem Getreidebau entzogen werden; welches sie aber in 4 Feldern müssen, wo die Brache noch eine schlechtere Grasung an Güte und Umfang giebt, als die in 3 Feldern ist. Const. Brand. de 1777. p. 863. — Ausgenommen, wo, außer diesen Grasungsangern, bei der bezeichneten halben Stallfütterung, zureichende kommüne nicht privativ zu machende Bruchweide übrig bleibt, jene also auch bei der 4schlägigen Wirthschaft geackert werden können, und ausgenommen kleinere Güter, wenigstens von mittlerem Boden, worauf man die volle Stallfütterung einführt. Bei ganz großen Gütern dürfte wol an der ganzen Stallfütterung des Rindviehes so bald noch nicht, und noch weniger als an der halben Stallfütterung zu denken seyn.

2) Weil ich auch nicht dafür seyn kann, daß diejenigen beträchtlichen Länder der Mark, welche jetzt nur alle 3, 5, 6, 9 und 12 Jahre einmal mit Rocken zu bestellen sind, ferner ohne Düngung bleiben, wovon ich des großen und durch die 4schlägige Wirthschaft nicht zu ersetzenden Schadens schon erwähnt habe, sondern daß sie Haferland werden sollen; denn ich befürchte, daß sie, durch die 4schlägige Wirthschaft, nicht alle zum Dünger gelangen möchten, §. 13. dieses Abschnitts.

3) Weil ich auch außerdem besorge, daß dieses 3 bis 12jährige Land und das schlechte Haferland, durch die Wirthschaft in 4 Feldern, bei der dann nur allein im vierten Jahre zu gebenden Brache, besonders auf der trockenern Höhe der Mark, nicht Haltung genug behalten, sondern zu locker und damit allzu sehr ausgedürret werden möchte.

4) Weil, wenn alles in 4 Schlägen bewirthschaftet wird, und auch, wie am nützlichsten geschiehet, die Grasungsanger zum

Getreidebau gezogen werden, das Rindvieh, außer wo bei demselben die volle Stallfütterung eingeführt werden will, oder wo dagegen obgedachte kommüne Bruchweidungen hinreichend vorhanden sind, auf der dann nur allein übrig bleibenden Brache der 4 Felder, selbst bei der halben Stallfütterung, nicht Weide genug findet; wol aber in den dabei mit bleibenden ergiebigern Holsteinschen Koppeln, welche nur allein, aber nicht die Brache in 4 Feldern, eine gute Grasung, wie beschrieben worden, abgeben und dazu noch verbessert werden können — Die Brache der 4schlägigen **Wirthschaft soll auch vielmehr zeitig gepflügt werden, als lange zur Weide liegen bleiben.**

§. 23.

Endlich können sich noch Umstände ereignen, wodurch ein in gute Kultur gesetzter Acker wieder zurückkommt, dergestalt, daß der Mittelboden nicht mehr nützlich in 4 Feldern bewirthschaftet werden kann. Z. E. wenn durch Krieg, Viehsterben, und anhaltenden allgemeinen Mißwachs, dem Acker der gebührende Dünger entzogen wird, auch wenn er einen schlechten Wirth gehabt u. s. w. — Man sieht von selbst, daß dann die Umstände des §. 20. Nr. 3. und 4. dieses Anhangs wieder eintreten, also auch von neuen darnach verfahren werden muß. Nämlich, man bewirthschaftet solchen Acker dann wieder so lange in Koppeln, bis er abermals zur Bewirthschaftung in 4 Feldern geschickt geworden ist. — Vielleicht kann man dann von dem zuletzt in Koppeln bestellet gewesenen leichtern Acker dagegen so viel, bis dahin, in 4 Feldern bewirthschaften.

Verbesserungen.

Seite	37	Zeile	4 von unten,	statt	reifere,	reichere.
„	43	„	16 „ „	„	bestauren,	bestauden.
„	51	„	12 u. 14 „	„	künstlich,	künstlichen.
„	61	„	5 von oben,	„	Quantität,	Qualität.
„	69	„	7 von unten,	„	vor,	von.
„	79	„	2 „ „	„	zu den,	zu der.
„	88	„	6 von oben streiche man aus also.			
„	89	„	10 „ „	statt	kommen,	komme.
„	103	„	12 von unten,	„	Werth der,	Werth des.
„	129	„	1 „ „	„	46,	426.
„	132	„	7 von oben, zur Gerste 3mal?		hinzu:	51 Morgen.
„	139	„	5 von unten,	statt	Morgen,	Wagen.
„	151	„	12 von oben	„	gehört,	gehört ihm.
„	159	„	4 „ „	„	siebenjährige,	dreijährige.

FSC
www.fsc.org
MIX
Papier | Fördert gute Waldnutzung
FSC® C083411

Kolibri 360 GmbH
Ferdinand-Jühlke-Straße 7
99095 Erfurt, Deutschland
produktsicherheit@kolibri360.de